电子信息前沿技术丛书

雷达辐射源信号
在线分选

隋金坪 刘振 黎湘 著

清华大学出版社

北京

内容简介

雷达辐射源信号分选是雷达信号侦察的关键技术之一,同时也是战场态势感知的重要环节。随着电磁环境的日益复杂,传统的雷达辐射源信号分选手段在实时性等方面正遭受巨大的性能挑战。本书创新性地将数据流聚类思想引入雷达辐射源信号分选领域,较为完整地构建了基于数据流聚类的雷达辐射源在线分选理论统一框架,实现了雷达辐射源信号的在线无监督分选。

本书系统阐述了作者多年基于数据流聚类的雷达辐射源在线分选的研究成果,共分为5章,内容包括绪论、基于数据流聚类的雷达辐射源在线分选统一框架、基于PDW参数的雷达辐射源在线分选、基于脉内信息的雷达辐射源在线分选、类不均衡条件下基于脉内信息的雷达辐射源在线分选。

本书可以作为高等院校相关专业研究生学习雷达信号处理以及数据流挖掘的参考书,对雷达与电子对抗领域的科技工作者和工程技术人员也具有较大的参考价值。

图书在版编目(CIP)数据

雷达辐射源信号在线分选/隋金坪,刘振,黎湘著.—北京:清华大学出版社,2022.6
(电子信息前沿技术丛书)
ISBN 978-7-302-59733-9

Ⅰ.①雷… Ⅱ.①隋… ②刘… ③黎… Ⅲ.①雷达信号处理 Ⅳ.①TN957.51

中国版本图书馆 CIP 数据核字(2021)第 268510 号

责任编辑:文 怡
封面设计:王昭红
责任校对:李建庄
责任印制:曹婉颖

出版发行:清华大学出版社
 网　　　址:http://www.tup.com.cn,http://www.wqbook.com
 地　　　址:北京清华大学学研大厦 A 座　　　邮　编:100084
 社 总 机:010-83470000　　　　　　　　　邮　购:010-62786544
 投稿与读者服务:010-62776969,c-service@tup.tsinghua.edu.cn
 质量反馈:010-62772015,zhiliang@tup.tsinghua.edu.cn
 课件下载:http://www.tup.com.cn,010-83470236
印 装 者:北京嘉实印刷有限公司
经　　销:全国新华书店
开　　本:170mm×240mm　　印　张:9.25　　　　字　数:162 千字
版　　次:2022 年 6 月第 1 版　　　　　　　　印　次:2022 年 6 月第 1 次印刷
印　　数:1～1500
定　　价:69.00 元

产品编号:095511-01

FOREWORD

在现代战争中,雷达辐射源信号分选是雷达电子侦察的关键环节,是感知电子战场态势的核心步骤之一,直接关系到对战场态势的认知判断以及对抗作战的决策指挥。因此,雷达辐射源信号分选始终是该领域研究人员重点关注的课题。近年来,电磁信号环境持续复杂恶化;同时,在敏捷快速作战的客观要求下,战场对雷达辐射源信号分选的实时性要求也持续增强,这些因素迫切需要实现在线式雷达辐射源信号分选。

多年来,我们以解决雷达辐射源信号在线分选为核心研究课题,率先将数据流聚类思想成功引入雷达辐射源信号分选领域,并且首次较为完整地构建了基于数据流聚类思想的雷达辐射源在线分选理论统一框架,取得了一系列具有一定开创性的代表性成果。为了更加深入系统地反映我们对该课题的研究成果,以作者多年围绕雷达辐射源在线分选的研究工作和原始论文为基础,著成本书。

本书全面介绍了基于数据流聚类理论的雷达辐射源在线分选工作最新研究成果,全书共分为5章。第1章阐述挖掘数据流聚类理论和雷达辐射源分选之间的内在联系,并总结相关发展现状及趋势;第2章详细阐述基于数据流聚类的雷达辐射源在线分选框架,为后续章节相关算法的提出给予合理的底层架构支撑;第3章针对可获取或脉内特征维度较低的情况提出 I-STRAP(Improved Stream Affinity Propagation)算法,在低维空间实现对雷达辐射源信号的在线分选;第4章针对脉内特征维度较高,从而导致大部分基于传统距离度量的数据流聚类算法失效的情况提出 EDSSC(Evolutionary Dynamic Sparse Subspace Clustering)算法,在高维空间实现对脉冲流的分选;第5章针对现实中普遍存在的非均衡脉冲流,提出可实现类不均衡条件下雷达辐射源信号在线分选的 DI-ESC(Dynamic

Improved Exemplar-based Subspace Clustering)算法。

本书同时涉及雷达信号在线分选和数据流聚类两个研究领域。一方面,研究成果以无监督、在线式处理方式成功对雷达辐射源信号实现在线分选,较为完整地构建了一种新的雷达辐射源信号在线分选理论体系;另一方面,研究成果也是对数据流聚类算法理论的丰富与完善,从一定程度上突破了目前无法对高维数据流、不均衡数据流的在线处理难题,促进了数据流聚类理论研究自身的发展。希望本书的出版能促进我国雷达信号在线分选及数据流聚类理论研究。

感谢海军大连舰艇学院对本书出版的资助支持(2021 年度学院科研发展基金),同时感谢国家自然科学基金优秀青年科学基金(NSFC 62022091)对本书相关内容研究提供的支持。衷心感谢海军大连舰艇学院王义涛研究员、史红权研究员、马政伟研究员、孙永侃研究员、陈行军副研究员、苏琦助理研究员、徐建志助理研究员、张浩助理研究员,国防科技大学刘丽研究员,芬兰阿尔托大学 Alex Jung 助理教授对本书的帮助与建议,特别感谢清华大学出版社文怡编辑促成本书的问世,感谢所有在本书编著过程中给予帮助和支持的专家学者!

还要感谢妻子刘天雯与(岳)父母隋刚勋、刘加红、代相霞、刘延江对我科研工作的长期支持与鼓励。

由于作者视野和水平有限,疏漏和不妥之处在所难免,恳请广大读者批评指正。

隋金坪

2022 年 3 月

目录

CONTENTS

绪　　论

雷达脉冲分选是指从随机交错的脉冲流中分离出各个雷达脉冲列的过程[1]。雷达脉冲分选技术是雷达信号参数分析与提取、雷达类型识别的重要技术基础。因此,雷达脉冲分选是雷达信号侦察的关键环节,是感知电子战场态势的核心步骤,也是当前制约雷达对抗的关键环节。信号分选能力已成为一个侦察系统能否适应现代电子对抗信号环境的根本标志[2]。

近年来,电磁信号环境的日益复杂,雷达信号趋于高密度化、形式多样化以及隐蔽化,给雷达信号分选带来前所未有的冲击。当前的雷达信号分选方法已远不能满足雷达侦察的需要。提高雷达信号分选技术成为电子对抗领域中具有重要意义的研究课题之一。

1.1　研究背景和意义

电子战是指利用电磁能和定向能控制电磁频谱或攻击敌方的军事行动。电子战始于1904年的日俄战争,一百多年来,相关理论技术与装备蓬勃发展。目前,电子战已成为现代战争的“撒手锏”,也是现代信息化战争的一个核心作战要素。2008年以来,以美国为代表的军事强国,以提高现役装备的认知能力为核心思想,将“认知”思想引入雷达、通信等电子战装备中,提出了认知电子战的概念。电子战的认知化发展是电子战当前以及未来的主要发展趋势之一。

武器装备实现认知化的首要技术便是实现对战场态势的感知。雷达侦察系统作为全天候型感知器,广泛装配于战舰、飞机、导弹等武器装备上,是现代战场不可或缺的"千里眼",在认知电子战中发挥至关重要的作用。

雷达信号分选技术是雷达侦察系统的关键技术之一,如图 1.1 所示,雷达辐射源信号分选不仅是电子侦察系统的重要组成部分,也是电子侦察系统的重要环节,其水平高低直接决定了电子侦察的性能,从而影响了整个电子对抗的有效性。

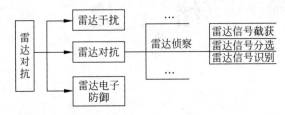

图 1.1 从"雷达对抗"到"雷达信号分选与识别"

传统意义上,信号分选与信号识别是两个串联的过程,信号分选是指对随机交叠的脉冲信号进行分离的过程,分离的目的是恢复各个雷达脉冲序列。而信号识别是指通过一定的特征提取或参数估计,并通过与先验知识比对匹配,识别出雷达的类型或型号。

然而,随着电磁环境的持续复杂,以及信号特征提取等处理技术的创新发展,信号的分选与识别已经没有严格意义上的区分,往往在对雷达信号分选的同时就实现了对信号的识别;反之,信号的识别也时常作为信号的主分选手段在分选过程中扮演重要角色,同时,识别结果反馈到分选中,又提高了分选的效率和准确率。因此,分选和识别已经不再是两个独立的过程,也不再是简单的串行关系。

当前,雷达信号分选技术已经很难适应日益复杂的电磁环境,远落后于雷达信号的其他处理技术发展。可以说,没有准确的雷达信号分选作为基础,其他后续相关雷达信号处理技术将是"空中楼阁"。因此,本书重点研究基于数据流聚类的雷达辐射源在线分选技术,目的是依托新兴的数据流挖掘技术,突破目前制约雷达信号分选的瓶颈问题,提高雷达侦察系统适应复杂电磁环境的能力。

1.1.1 复杂电磁环境给雷达辐射源分选带来的挑战

当前,随着各类电子装备的广泛应用,世界各国正全面从陆(Land)-海(Maritime)-空(Air)-天(Space)-网络(Cyber)五个维度对电磁(Electromagnetic)空间进行激烈争夺[3](见图 1.2),电磁环境正面临空前拥堵,这给雷达信号分选提出了前所未有的挑战,具体体现在三方面。

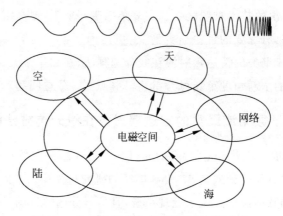

图 1.2 电子装备在电磁环境的"五维"竞争

（1）信号密度大。目前，电磁环境中雷达辐射源数量多，脉冲密度激增。由于各种电子设备的投入使用，造成了脉冲的密集复杂，当前，典型的信号环境密度已突破每秒百万量级甚至达到千万量级[4]，同时各辐射源脉冲的交叠、非合作源脉冲难以截获或样本极度稀缺等现实挑战日益凸显。

（2）信号调制形式丰富。雷达信号调制复杂，参数多变，传统脉冲（固定载频、重频以及无调制脉冲）在雷达信号中所占比例迅速减小，伴随而来的是线性、非线性调频，相位、频率编码，复合调制雷达信号逐渐增多，以及参数捷变甚至随机变化，信号的反侦察、抗干扰能力极大增强。

（3）实时性需求强。信息战场的瞬息万变对雷达辐射源信号分选与识别的实时性、准确性的需求日益凸显。目前，电子战正向多域联合、协同作战发展，快速的雷达信号分选是实现多域信息融合的重要前提。

遗憾的是，当前雷达脉冲分选主流算法已经很难适应复杂电磁环境带来的上述挑战。现有雷达脉冲分选算法主要从两个方向展开，一是基于经典脉冲描述字（Pulse Descriptive Word，PDW）实现的，本质上属于模型匹配。在信号密集且信号捷变的复杂电磁环境中难以进行有效分选。二是基于脉内特征的分类方法实现的，主要是将雷达信号分选问题转换为分类问题，通过在多域，如时域、频域、时-频域等提取相位调制、频率调制及其组合等特征，从而转换为常规的有监督分类问题。然而，这种方法忽略了电磁环境的复杂特性，如海量的信号样本不适合人工标记，而且面对调制复杂、参数多变捷变甚至随机的信号，很难找到泛化性好、可分性高的特征；同时，特征提取、昂贵的分类器训练时间成本在高实时性的要求下难以承受。因此，准确快速地实现在复杂电磁环境中的雷达辐射源信号分选问题已是刻不容缓、亟待解决的技术难题之一。在复杂电磁环境下,提高雷达辐射源信号分选技术水平不仅具有重要的理论研究意义,更能为工程应用提供重大参考。本书提出了基于数据流聚类的雷达辐射源在线分选算法,在数据流聚类的框架下,从无监督且实时聚类的全新角度重新思考雷达辐射源在线分选问题。

1.1.2　基于数据流聚类的雷达辐射源在线分选方法的研究意义

数据流聚类(Data Stream Clustering,DSC)是数据挖掘领域的重要研究方向之一,随着大数据时代的到来,DSC受到广泛的研究与关注。考虑到辐射源信号最终以随机、交叠的脉冲流形式流入处理系统,且信号分选的目的是从这种随机交叠的脉冲流中分离出各辐射源对应的脉冲信号,可将脉冲流看作一个以时间为序的数据流,而信号分选看作对该数据流完成一个挖掘过程,从而实现从数据流聚类角度解决雷达辐射源在线分选问题,这将具有重要的理论研究意义与实际应用价值。

在理论研究方面,研究基于数据流聚类的信号在线分选算法,为雷达信号分选提供了新的架构和思路。基于数据流聚类的信号分选算法从信号本身入手,以无监督处理方式对脉冲流进行处理,避免了目前基于分类的信号分选方法存在的数据标签获取难、标记任务重等突出问题,基于数据流聚类的信号在线分选是一种新的分选理论体系。同时,基于数据流聚类的信号在线分选研究本身也是对数据流聚类算法的深入研究,具有较高的学术价值。尽管不断有新的数据流聚类算法被提出,然而数据流聚类本身尚有许多科学问题需要突破,比如前文提到的样本不均衡数据流聚类问题在数据流聚类领域仍未得到有效解决,所以基于数据流聚类的信号在线分选研究会丰富数据流聚类理论研究,加速数据流聚类理论的发展。

在实际应用方面,复杂电磁环境是目前所有电磁武器装备面临的严峻挑战,雷达侦察是电子战至关重要的技术环节,目前基于PDW以及脉内特征分类的分选方法在复杂电磁环境中之所以难以发挥高性能,是因为存在两个突出的现实问题。其一是存在大量非合作的辐射源信号,我方对这些信号的先验知识匮乏,且无法预先获取样本进行训练;其二是由于大量非合作辐射源的存在以及各辐射源的功能差异导致接收到的各个辐射源脉冲样本数量极其不平衡,在现有的分选方法下,样本量稀少的辐射源很难得到有效分选。上述问题可以在数据流聚类处理框架下得到解决。因此,基于数据流聚类的信号分选研究将为复杂电磁环境下的信息挖掘提供有力的技术支撑,对大幅提升我军的战场侦察、空间监视和精确打击能力具有重要的现实意义。

1.2　国内外研究现状

围绕雷达辐射源分选以及数据流聚类两个课题,国内外学者已经展开了大量的研究,取得了诸多研究成果,本节从雷达辐射源信号分选以及数据流聚类两个方面总结目前国内外研究现状。

1.2.1　雷达辐射源分选研究现状

雷达辐射源信号分选问题的相关研究兴起于 20 世纪 70 年代,我国学者的研究始于 20 世纪 80 年代[5-6]。如图 1.3 所示,雷达辐射源信号分选是指从随机交错的脉冲流中分离出各个雷达脉冲列的过程,其本质是"匹配"问题。

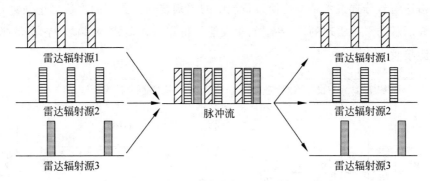

图 1.3　雷达辐射源分选示意图

几十年来,研究者基本都是沿着"匹配"思路解决该类问题,即利用脉间或脉内,不同域内测量的参数,或与模板匹配,或互相匹配,将最相似的脉冲视为同一辐射源产生的脉冲序列,否则视为不同辐射源产生的脉冲,从而完成脉冲流的去交错。整体上讲,雷达辐射源信号分选的研究工作可以主要分为三个研究方向:基于脉间调制特征的雷达辐射源分选、基于脉内调制特征的雷达辐射源分选和基于机器学习的雷达辐射源分选,如图 1.4 所示。

需要指出的是,如今随着雷达信号特征提取等处理技术的创新发展,以及电磁环境的持续复杂,雷达辐射源信号的分选与识别已经没有严格意义上的区分。目前,已有一大批成果围绕利用脉内调制特征,并结合神经网络等分类器完成信号分选。为了全面梳理分选技术发展脉络,本章在涵盖传统分选技术的同时,也将这些不可忽视的新的分选识别交叉技术考虑在内。本章不再对分选和识别进行严格区分。

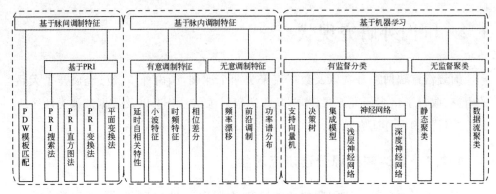

图 1.4　雷达辐射源信号分选发展脉络

1. 基于脉间调制特征的雷达辐射源分选

　　雷达信号分选技术是雷达侦察系统中的关键技术。典型的雷达电子侦察是由图 1.5 所示的系统实现的,该系统的接收信号特点是在多域(如频域、空域等)全开且无源接收。

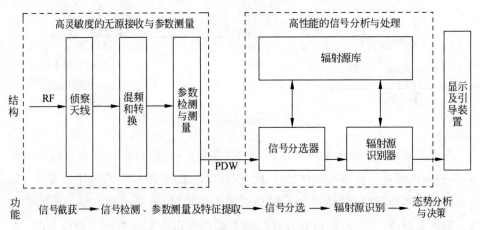

图 1.5　雷达电子侦察系统

　　对于接收到的脉冲信号,参数检测与测量模块首先对脉冲的到达时间(Time of Arrival,TOA);载波频率(Radio Frequency,RF);脉冲宽度(Pulse Width, PW);脉冲幅度(Pulse Amplitude,PA)和到达方向(Direction of Arrival,DOA)等主要脉间参数进行测量。TOA、RF、PW、PA 和 DOA 是脉冲描述字(Pulse Descriptive Word,PDW)最典型的五个瞬时参数。瞬时参数,即经测量可直接获得的参数。而经多次测量或通过计算可得到的参数为二次参数,最主要的代表是脉冲重复间隔(Pulse Repetitive Interval,PRI)。无论是瞬时参数,还是二次参数,本质上都属于脉间调制特征。PDW 各参数的物理意义如图 1.6 所示。经典的雷达辐射源分选就是基于这些脉间调制特征展开的,具体分为模板匹配法和基于 PRI 的分选方法两类研究方向。

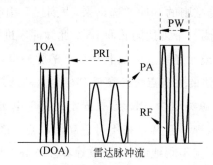

图 1.6　脉冲的典型脉冲描述字(PDW)

1) 模板匹配法

20 世纪 70 年代,电磁环境比较简单,辐射源数量稀少且种类比较固定。在此背景下,模板匹配法应运而生,该方法由 Campbell 等提出[7]。模板匹配方法的思路比较简单,即预先建立雷达辐射源主要特征参数数据库,然后对接收信号的 PDW 参数进行量测,并与数据库中的参数信息进行比对,从而对参数相同或相近的脉冲进行分选。这种方法操作相对简单,适用于辐射源较少的场景。然而,随着雷达信号发射技术的迅猛发展,雷达体制极大丰富,该方法在数据库建立的完备性方面遭遇重大挑战:首先是对复杂多变的雷达信号,如参数捷变信号、参数随机信号,难以建立完备的字典。其次是对广泛存在的非合作辐射源,其信号参数等先验信息难以获取,因此难以预先在字典中建立相应模板。再者,随着脉内调制技术的发展成熟,单纯依靠 PDW 参数的分选呈现出分选力匮乏的现象。

2) 基于 PRI 的分选方法

在 PDW 常规的脉冲描述字中,TOA 参数的测量相对容易且准确,而且对于一个脉冲序列而言,一般其 PRI 是相对比较稳定的,而 PRI 参数恰好是 TOA 参数的一级差,因此,雷达辐射源信号分选的另一个庞大研究分支是基于 PRI 的分选方法,典型的方法包括 PRI 搜索法、PRI 直方图、PRI 变换、平面变换法[6,8]。总体来说,这些方法基本围绕如何在交叠脉冲流中,估计、提取出比较合理的 PRI 的问题展开。

(1) PRI 搜索法(试探法)

PRI 搜索法又称为动态关联法[9-10]。该方法的处理流程一般是选择两个脉冲分别作为基准脉冲与参考脉冲(例如前两个脉冲),假设基准脉冲与参考脉冲的到达时间可分别表示为 TOA_{base} 和 TOA_{ref}($TOA_{ref} > TOA_{base}$),则计算二者之间的差值 $DTOA = TOA_{ref} - TOA_{base}$,DTOA 若处于合理区间,则将 DTOA 视为一个准 PRI。随后,按照准 PRI 以一定的 PRI 容差(考虑实际测量等误差)进行试探性的扩展搜索,逐一将符合准则的脉冲挑选出来,直到搜索出符合预设个数的脉冲。挑选出来的脉冲序列视为一个雷达的脉冲串,对此脉冲串进行后续处理,若无法挑选出符合的雷达脉冲串或已经挑选出某准 PRI 下的脉冲串,则重新选取参考脉冲,重复此过程。PRI 搜索法的关键点之一在于 PRI 容差的选择。

PRI 搜索法在辐射源类型少、PRI 参数固定的简单电磁环境中可以达到不错的分选效果,比较容易实现。但其存在不可忽略的缺点:该方法每次只挑选一部雷达脉冲列,且要对脉冲流不断地筛选,导致计算成本高。同时,该方法对复杂电磁环境很难适应。特别是当面对信号密集、信噪比(Signal to Noise Ratio,SNR)低或者信号本身具有 PRI 捷变、随机调制等复杂情况时,该方法的准确率下降明显。

(2) PRI 直方图法

PRI 搜索法若想取得较高的准确度,关键在于如何确定合理的 PRI。前述的 PRI 搜索法显然是比较耗时的,因此相关学者围绕如何在交叠的脉冲流中提取出最可能的准 PRI 值开展了大量的工作,PRI 直方图法成为基于脉间调制特征的雷达信号分选中的主流研究方法,比较成熟的方法包括 TOA 差值直方图[10]、累积差直方图(Cumulative Difference Histogram,CDIF)[11] 以及时序差直方图(Sequential Difference Histogram,SDIF)[12]。

整体上看,这些 PRI 直方图的基本原理是基于各个脉冲的 TOA 信息,计算不同级 TOA 差值,并通过统计得到不同级的 PRI 直方图,通过设置一定的合理阈值从直方图中提取出比较合理的 PRI 值,再通过 PRI 搜索法进行分选。PRI 直方图法的三种典型算法的不同之处主要体现在如何用直方图对准 PRI 进行提取。需要指出的是,从 20 世纪 90 年代 CDIF(1989 年)以及 SDIF(1992 年)被提出至今,相关科研人员围绕 PRI 直方图法开展了丰富的工作,这些工作基本上是以 CDIF 或 SDIF 为基础,结合具体实际问题,在门限函数选择、预处理进行脉冲稀释等方面做了主要改进。尽管这些方法一定程度提升了分选的准确率,但均是基于直方图分析展开的。

(3) PRI 变换法

与 PRI 直方图方法同一时期,Nelson[13] 等从谱变换角度对脉冲流可能的 PRI

进行提取。具体地,该方法将脉冲流的各脉冲 TOA 建模为冲击函数的和,即

$$g(t) = \sum_{n=0}^{N-1} \delta(t - t_n) \qquad (1.1)$$

将式(1.1)进行如下变换可得到一种 PRI 谱图,即

$$D(\tau) = \sum_{n=1}^{N-1} \sum_{m=0}^{n-1} \delta(\tau - t_n + t_m) \exp[2\pi i t_n / (t_n - t_m)] \qquad (1.2)$$

其中,$\tau > 0$,这种变换称为 PRI 变换。由式(1.2)分析可知,这种变换类似于自相关函数,同时引入了因子 $\exp[2\pi i t_n / (t_n - t_m)]$,称为相位因子。自相关函数挖掘了脉冲序列的相关性,使得在真实的 PRI 及其整数倍处会出现峰值,即出现谐波,而相位因子的引入很大程度上抑制了谐波的影响,代价是增加了运算开支,PRI 变换法比 PRI 直方图法在运算量上加大了很多。PRI 变换法依靠自相关函数提取 PRI 值,因此当雷达发射脉冲信号 PRI 具有非恒定特性(如 PRI 参差、PRI 抖动等)时,PRI 变换法的效果将大幅下降。针对此问题,相关学者从不同角度对该方法进行了改进[14-19],一定程度扩展了 PRI 变换法向具有非恒定 PRI 特性的脉冲流的应用,但 PRI 变换法及其改进方法都很难适应 PRI 复杂变化的雷达信号分选,这是由自相关方法的天然"缺陷"所决定的。

(4) 平面变换法

与前述方法同一时期,以胡来招为代表的国内学者陆续提出了平面变换法[20-25]。该方法的本质是基于脉冲流的 TOA 信息将全脉冲以一定方式映射到二维平面,然后对平面宽度进行一定的调整,通过观察或自动提取获得重频规律,从而完成脉冲重复分选。而文献[20]提出了周期性对称调制模式的自动搜索算法,避免了人工观察提取变换特征曲线带来的准确率低、效率慢等缺点。文献[23]在平面变换法的基础上提出提取脉冲瞬时 PRI 算法,该算法不需要调节平面显示宽度,具有一定的可操作性。文献[25]通过将信号分段截取再逐行排列,得到平面矩阵,再通过调整变化,得到信号累积特征曲线。但本质上平面变换法都是假定同一雷达信号脉冲的 PRI 的变化不剧烈,因此平面变换法很难适应复杂电磁环境,而且很难对具有复杂调制的脉冲进行分选。

综上所述,基于 PRI 的分选方法本质是利用了 TOA 信息,对脉冲流中各脉冲的 TOA 信息进行分析,如统计分析、谱分析、变换分析等,试图挖掘隐藏在 TOA 信息之下的各脉冲序列的 PRI。但这种方式仅适用于脉冲密度小、辐射源少且 PRI 参数比较固定的场景。随着雷达信号调制技术的不断升级,PRI 捷变、随机调

制已经成熟[26-27],而且脉冲密度持续增加,基于PRI的分选方法已经难以适应复杂电磁环境,处理性能也大幅下降。

脉间调制特征在当今电磁环境中,对各辐射源的脉冲区分能力已经十分有限。因此,越来越多的学者将研究重点从脉间调制特征转移到脉内调制特征的提取上,试图通过挖掘区分度更高的脉内调制特征完成对交叠脉冲流的分选。

2. 基于脉内调制特征的雷达辐射源分选

随着雷达体制的日益丰富,常规脉冲雷达信号在电磁环境中的比重逐渐降低,随之增加的是线性调频(Linear Frequency Modulation,LFM);非线性调频(Nonlinear Frequency Modulation,NLFM);相位编码等各类调制信号。日益复杂的电磁环境不断地给传统基于脉间调制特征的雷达辐射源信号分选方法带来诸多严峻的考验,相关研究者开始着力于提取更稳定、更细微、参数交叠更少、区分度更高的脉内调制特征来解决这一问题[28],因此,脉内调制特征提取成为雷达辐射源信号分选研究的一个庞大研究分支。按照调制方式的有意与否,一般可将脉内调制特征分为有意调制特征(Intentional Modulation on Pulse,IMOP)和无意调制特征(Unintentional Phase Modulation on Pulse,UMOP)。

1) 基于有意调制特征的雷达辐射源信号分选

有意调制特征是指雷达波形设计者为了满足某些特别的功能,人为地对信号进行相应调制,包括幅度、频率、相位调制及两种或两种以上的混合调制等,从而使雷达信号在信号包络、频率分布、相位分布、幅度分布、能量分布等方面呈现的特征。通过对这些能够反映雷达信号本质信息的脉内调制特征进行分析研究,对于有效识别雷达调制信号类型和掌握敌方雷达态势具有重要意义。因此,基于有意调制特征的雷达辐射源信号分选是目前雷达信号分选研究领域的主要研究方向之一,每年围绕该方向有大量的研究成果问世。概括来说,其主要核心研究思路是,通过研究高效的脉内调制特征提取手段,尽可能地提取一些区分度高、分选力强的特征用于完成信号分选。因此,如何提取特征、提取何种特征成为该方向两个关键研究问题。

早期由于计算机硬件水平有限以及信号调制类型普遍比较简单,研究者主要在时域、频域对信号特征进行提取,比较典型的特征提取方法有时域自相关法、相位差分法[29-31]、调制域分析法、谱相关法和数字中频法等[32]。例如,文献[33]利用调制域分析法分析信号相邻两个上升零点之间的相位差,一定程度实现了信号分选,但该方法对器件提出严格的要求,且受信噪比影响比较大。王丰华等[29-31]

利用该性质对几种常见的调制类型如 LFM 信号、二进制相移键控(Binary Phase Shift Keying)、正交相移键控(Quadrature Phase Shift Keying, QPSK)信号进行了识别。曾德国[34-35]利用该性质重构了信号瞬时频率,并运用统计手段提取了瞬时频率直方图的几个主要稳定特征,实现了信号的分选。这些方法尽管原理简单,但适用范围较小,抗噪性较差,难以完成信号分选任务。

随后,研究者相继提出以时频域为主要代表的其他变换域内的特征提取方法,主要包括时频分析法、模糊函数法和高阶统计量法等[32]。

(1) 时频分析法

时频分析即时频联合域分析,是十分有效的研究时变非平稳信号的方法,能够清晰地描述信号频率随时间变化的关系,是目前雷达信号特征提取的主要手段。典型的时频分析方法包括短时傅里叶变换(Short-time Fourier Transform, STFT);小波变换(Wavelet Transform, WT)[28,33];Hilbert-Huang 变换;魏格纳-威利分布(Wigner-Ville Distribution, WVD)等。研究者依托这些时频分析手段对信号的时频分布[28,33,36-42]、包络特征[42]、小波脊特征[41,43]、高阶统计特征[44]、小波系数的聚敛性[44]等进行分析与提取[45-57],实现对不同调制信号进行识别。

(2) 模糊函数法

模糊函数(Ambiguity Function, AF)是对雷达信号进行分析和波束设计的有效工具,模糊函数能够反映信号在时间与相位上的相关程度,提供信号与本身经过时延与频移后的相似性程度[58],因此部分学者利用模糊函数刻画雷达信号特征,典型的特征包括模糊函数主脊特征,如主脊方向、惯性半径及切面重心等模糊函数主脊细节特征[59-60],普运伟先后利用穷举法、三维图提取等手段构建了 AF 主脊特征[59]。目前,这一类方法计算量普遍较大,目前主要研究课题为如何加速主脊搜索精度和速度。

(3) 高阶统计量法

高阶统计量,又称为高阶累积量或高阶谱,典型的如三阶谱,即双谱(bispectra)。高阶统计量具有尺度不变性、时移不变性和抑制高斯噪声性,能够较好地保留信号的相位信息,因此在雷达信号的特征提取中被广泛采用[44]。代表性的工作如文献[61]通过非参数化直接估计法得到雷达辐射源信号的双谱幅度谱,并从双谱二维切片中提取了盒维数和信息维数等复杂度特征[43,62-69]。文献[70]采用直接法得到雷达信号的双谱估计,基于广义维数方法从双谱对角切片中提取出 3 个区分度大的特征 q 值作为特征参数用于信号的识别。

总之,基于有意调制特征的雷达辐射源信号分选的主要研究思路是通过各种信号分析手段不断放大不同调制信号的差异程度,但需要指出的是,目前这些方法主要存在三个共性问题:①这些方法在抗噪性方面表现较差,无法适应低信噪比的复杂电磁环境;②大部分方法主要是对雷达信号的调制类型进行区分,而对同一调制类型信号的区分能力比较差;③从整体上看,目前基于脉内调制特征的雷达信号分选工作比较分散,研究者运用不同方法提取了种类繁多的特征,但这些特征的泛化性十分有限,往往只对某几种特定调制类型信号具有一定的区分度,且稳定性不强,这就造成了目前特征比较多,但具有强泛化性的特征十分稀少的局面。

2) 基于无意调制特征的雷达辐射源信号分选

无意调制特征又称为指纹特征,一般是发射机内部非理想原因引入的附加在信号的特征。无意调制特征常常随着雷达个体不同而不同,而且人为难以修改,因此基于无意调制特征的雷达信号分选也称为雷达辐射源个体识别(Specific Emitter Identification,SEI)。随着战场信号环境的持续复杂,雷达调制方式的逐渐多变,基于有意调制特征的雷达信号分选的性能不断下降。而 SEI 技术理论上可捕捉到辐射源最难以修改的固有特征,甚至可实现对同一型号、同一批次的不同雷达进行区分,这种高分辨力使得 SEI 研究成为近年来雷达信号分选识别的主要研究方向之一[71-85]。

本质上,无意调制是一种寄生调制,主要是由于雷达发射机的频率源相位噪声及放大链路非线性效应等引起,是雷达辐射源信号的固有特征之一。然而,现实中,这种特征极其细微,在实际中通常比较难以提取。无意调制特征可大致分为两类,即附带调幅和附带调相,其中附带调相相对前者而言更加稳定。多年来,国内外研究者围绕无意调制特征提取展开了大量的研究,包括以下几个主要方面:①杂散输出特征,这主要是由于辐射源器件个体差异、频率源不稳定以及众多器件的非线性特性所导致的谐波、寄生、互调产生及变频产物等杂散输出。不同的辐射源杂散不同,研究者提取了信号包络的高阶特征,如 J 值特征[79]、R 值特征、高阶谱特征、时频特征[80]等;②相位噪声特征,这主要是由于不同发射机存在不同的相位噪声,代表性工作见文献[24,37],可实现在高信噪比条件下的雷达辐射源信号分选;③信号包络特征,不同的辐射源的脉冲信号具有不同的信号包络,典型的工作有包括提取上升或下降沿特征[82-83],如文献[84]利用包络的上升、下降时间,上升、下降角度及倾斜时间等特征进行分选;④调制参数特征,不同的辐射源对信号的调制参数存在偏差,这些偏差为辐射源分选识别提供了可能,如提取调幅、调频特征[81];⑤频率稳定度特征,不同的辐射源因振荡器差异导致了绝对频率偏差和相对频率偏差存在差异,因此可提取频率稳定度特征作为辐射源分选的依据,文献[88]依据频率稳定度完成了电台的个体识别问题。

综上分析,尽管目前理论上供分选的无意调制特征较多,但这些特征在现实中通常差异微弱,且在低信噪比、信号污染等环境条件下比较难以精准提取。随着信号特征提取分析手段的不断增强,基于无意调制特征的信号分选正逐渐成为可能,并蕴含广阔的研究前景。

3. 基于机器学习的雷达辐射源分选

机器学习(Machine Learning,ML)[86-87]可以实现从样本数据中获得规律并利用规律对未知数据进行预测,是近年来最受关注的研究课题之一。机器学习目前已经被广泛应用于数据分析与挖掘[88-90]、图像识别与处理[91-92]、语音识别与处理[93-94]等相关领域。实际上,越来越多的学者已经开始尝试在 ML 的框架下实现雷达辐射源信号分选,这成为雷达辐射源信号分选的新的发展趋势。目前,基于机器学习的雷达辐射源分选算法主要包括以下几个研究方向。

1) 基于有监督模型的雷达辐射源信号分选

有监督分类模型[95-96]是目前机器学习的主要研究方向之一。由于雷达辐射源信号分选问题与分类问题相类似,因此相当一部分学者在有监督分类的框架下研究雷达辐射源信号分选识别问题。其中除有少部分学者选用决策树[97]作为分选模型,绝大部分工作是结合支持向量机(Support Vector Machine,SVM)展开的[98-109]。SVM[110]是机器学习最经典的算法之一,以高效率、高分类准确率在机器学习中长期占据核心地位。其主要思想是将低维线性不可分的特征空间向高维进行映射,在线性可分的高维空间内构建分类器。将 SVM 用来对雷达辐射源分选进行分类首先提取脉内特征,其次运用 SVM 实现对雷达脉冲的分选,代表工作包括文献[111-113]等。需要指出的是,现有基于有监督分类模型的雷达信号分选识别工作绝大部分都是沿着"信号截获—特征提取—特征选择—信号分选识别"这一路线展开的。尽管这些研究相比于传统的统计方法取得了一定的效果,然而实际中,在复杂电磁环境下这些方法的效果并不理想,主要原因有:①现有工作主要是基于有监督模型展开,这些模型为了获得较好的泛化能力,需要预先获取大量有标记的待识别辐射源样本对分类器进行训练。然而,实际中,预先获取非合作辐射源的信号样本是极其不现实的,且数以百万计的样本的标记需要大量的人力和时间,严重影响了信号分选识别效率。②这些经训练过的分类器对符合训练数据分布的数据具有比较好的分类效果,但处理不同分布的数据时模型泛化能力较差,模型分选识别的准确度大幅下降。

2)基于神经网络的雷达辐射源信号分选

神经网络是人工神经网络的简称[114-115],是一种模仿生物神经网络结构和功能的数学模型或计算模型,用于对函数进行估计或近似。图1.7所示为典型的神经网络结构,包括输入层、输出层和一个(或多个)隐藏层(Hidden Layer)。依据隐藏层数量的多少,通常可将神经网络区分为浅层神经网络和深层神经网络。神经网络对数据集分布无须任何限制,且具有强大的分类能力,因此被广泛用于雷达辐射源信号分选任务[116-132]。

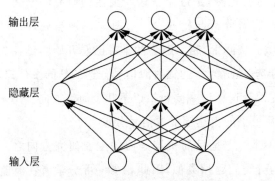

图1.7 典型的神经网络结构

(1)基于浅层神经网络的雷达辐射源信号分选

20世纪80年代,学者首次将神经网络应用到雷达辐射源信号分选,自此学者陆续将反向传播神经网络[133];自组织概率神经网络[134];Kohonen神经网络[135-136];RBF神经网络[137-139];自组织特征映射(Self-organizing Feature Mapping,SOFM)神经网络[140]等应用于雷达辐射源分选识别,尽管取得了一定的效果,然而需要注意的是,大部分神经网络需要一定的先验知识或预训练才可以获得良好的分类效果,这与雷达脉冲流中常常包含非合作源信号相矛盾,因此在现实场景中的效果不佳。

(2)基于深度神经网络的雷达辐射源信号分选

上述的浅层神经网络囿于浅层结构而对样本缺乏强大的拟合能力,因此往往在实际分选中效果不理想,模型泛化能力较差。部分学者开始尝试利用以深度神经网络为代表的深度学习（Deep Learning，DL）[141-143]算法来解决雷达辐射源信号分选问题。循环神经网络（Recurrent Neural Networks，RNN）[144]相比其他深度神经网络在处理序列数据方面具有一定优势，因此目前主要工作集中在将 RNN 及其优化版本——长短时记忆（Long Short-term Memory，LSTM）[145]用于解决雷达信号分选问题。国防科技大学的刘章孟[146]使用 RNN 对雷达辐射源进行分选。其利用 RNN 挖掘了辐射源的高层次特征，实现了对脉冲流的分选，并具有一定的抗噪性。Notar 等[147]在此基础上优化了归一化方法，并利用 LSTM 实现了17 个辐射源的识别。李雪琼等[148-152]在此方向上也做了较多的工作，针对常规脉冲分选问题，其提出基于迭代卷积神经网络（Iterative Convolutional Neural Networks，ICNN）的分选新结构。仿真实验表明，在同样的参数设置下，ICNN 比传统方法具有更高的分选准确性和对误差更强的适应性。针对高比例丢失脉冲和虚假脉冲等复杂条件问题，其提出基于卷积神经网络的重频类型识别方法（Convolutional Neural Networks based Pulse Repetitive Interval Recognition，CNN-PRIR）[148]，该方法利用深度学习强大的表示能力对辐射源脉冲与重频类型之间的映射关系进行识别。针对复杂场景下的雷达辐射源型号识别问题，包括低截获概率技术和雷达周期旋转导致的观测信息不均匀，以及多功能体制雷达和复杂模式雷达部分模式相同或相似的情况，其提出基于注意力机制的多循环神经网络（Attention-based Multi-RNNs，ABMR）[150]型号识别方法。

总体来说，目前围绕基于深度学习的雷达脉冲分选的研究工作还不多见，不过可以预见的是，随着深度学习的再次兴起与诸多理论的完善发展，这必将是一个具有较大潜力的研究方向。但应该指出，这一类方法在训练样本获取、算法实时性上面临较大的挑战：在战场上，很难获得大量的样本，特别是非合作辐射源的信号样本供模型进行驱动；同时，模型需要不容忽视的训练时间才能达到收敛效果，很难满足未来战场对实时性的要求。

3）基于无监督模型的雷达辐射源信号分选

在实际中，待分选的辐射源的样本基本上是没有先验信息的，同时辐射源个数也是未知的，因此对于雷达辐射源信号分选任务，其本质更贴近无监督聚类模型。近几十年来，相当一部分成果是围绕无监督模型展开的。按照待分选数据的收集方式，一般可将无监督聚类任务分为静态聚类和数据流聚类。

静态聚类主要指传统的聚类[153-154]，如 K-Means 等，是按照批量方式将数据划分成若干个子集（subset），也称簇（cluster），使得同一子集内的点尽量相似，而不同子集内的点尽量不相似。由于同一部雷达发射的脉冲之间彼此具有天然的相似性,而这种相似性比不同雷达辐射的脉冲的相似性普遍要高。自 20 世纪 90 年代开始,相关研究者陆续尝试运用聚类对雷达辐射源信号进行分选识别[155-174],其中典型的工作主要可分为以下几个类别:①基于以 K-Means、模糊 C 均值聚类为代表的划分聚类的分选识别[166,170-172],但划分聚类算法由于是采用到类中心的距离来对数据点进行划分,因此不能处理任意形状类簇,这一定程度上限制了这一类方法的使用范围。②基于层次聚类的雷达辐射源分选与识别[159,162,173],层次聚类对类的形状没有严格要求,但在计算量上比较大。③利用网格划分对雷达辐射源信号进行分选[161,165,167,169]。④基于密度的雷达辐射源信号分选[155,160,163,164,168],尽管基于密度的聚类可以挖掘任意形状的类簇,但基于密度的聚类算法也依赖预先定义邻域半径等先验知识。

总体来看,现有的雷达辐射源信号分选算法尽管从不同角度提高了分选准确率,然而对当前的复杂电磁环境仍具有很大的不适应性,主要体现在以下几个方面:①处理方式,现有模型基本采取的是批量处理方式,即首先对信号脉冲流进行收集,待收集完成后统一处理。这种方式已经无法满足电子侦察任务中对实时性的要求。②学习方式,现有大多数模型为了在特定数据集中获得良好的效果而采用监督学习,但这种方式以及所提出的特征的泛化性比较差,往往只对特定的几种信号有一定效果。③现实情况考虑不足,现有模型大多基于充足的数据样本展开模型训练,而忽略了实际战场中非合作辐射源信号无法预先获取的客观事实,非合作辐射源不仅导致无法预先训练,还导致脉冲流中的各个辐射源脉冲数目不平衡,这种不平衡实际上会对现有模型造成很大影响。因此,复杂电磁环境下的雷达辐射源信号分选问题迫切需要一个具有在线学习方式的无监督且具有良好的泛化能力的模型来突破上述缺陷。考虑到脉冲流的本质是数据流,因此本书从数据流聚类角度出发展开雷达辐射源信号在线分选问题研究,在 1.2.2 节中将对数据流聚类技术研究现状做必要的概括与分析。

4. 雷达辐射源信号分选尚存问题及未来方向

综上所述,雷达辐射源分选始终是电子侦察领域的重点研究问题。尽管目前围绕雷达辐射源信号分选研究成果层出不穷,但整体来看,雷达辐射源信号分选工作尚存在不足之处,需要突破现有瓶颈,才能满足日益复杂的电磁环境的需求。

1) 雷达辐射源信号分选尚存问题

现有的各算法普遍成熟度不够,实际应用范围有限,主要体现在以下几个方面。

（1）对非理想情况考虑普遍不充分

现有方法普遍基于比较理想的假设，即脉冲信号已被完整侦收，信噪比保持在较高水平，且不存在脉冲交叠、脉冲丢失等非理想情况。例如，以神经网络、SVM为代表的有监督分类模型假设预先有大量的信号样本可供模型训练，且实际侦收的信号需要与训练样本分布保持基本一致。然而，实际战场情况远非如此，非理想情况普遍存在，如噪声影响通常较大，脉冲信号交叠、脉冲信号丢失、辐射源信号数量严重不均衡等情况时有发生，再加上仿真产生的雷达信号参数与实际信号差别较大，导致现有方法对这些情况处理能力较弱，这也是造成目前众多模型实测能力远远低于理论分选能力的根本原因，极大程度限制了众多模型的实际应用范围。

（2）模型泛化能力普遍不强

整体来看，现有方法的另一个普遍问题是各模型的泛化能力不足。归结起来主要有两点原因：①由于目前所提取的脉内特征对信号的分选能力还不强，通常仅能在特定情况下区分几种单一调制方式信号，且通常无法分选复合调制信号，从而导致一种方法只能分选某几种调制方式的信号，这种对信号流中预先假定仅存在几种调制方式的强假设严重影响了模型的泛化能力；②由于分类器需要大量样本进行训练，造成分类器对训练样本存在过拟合现象，导致分类器对信号数据的分布高度敏感，很难进行面向具有其他分布的信号数据的推广。

（3）实时响应普遍较差

除基于数据流聚类的雷达辐射源信号在线分选方法外，目前众多方法均采用的是批量处理方式，即统一收集再处理，这种方式本身就不能满足雷达信号分选实际任务的快速响应的需求。同时，由于目前众多方法采用有监督分类器、神经网络甚至是深度神经网络方法完成信号分类，那么势必会面临不可忽视的训练时间长、模型复杂度高等问题，严重消耗了计算资源并影响了模型响应时间。以基于深度学习的雷达辐射源信号分选为例，模型需要大量有标签样本进行模型训练，这些样本的收集、贴标签等工作本身便需要消耗相当大的时间和人力，再加上不可忽视的模型训练时长才能保证模型性能达到收敛，导致这些方法在实时响应方面性能不尽理想。

（4）缺乏对雷达辐射源的动态特性的挖掘

现有方法对雷达辐射源的动态特性考虑不足，导致模型在开发设计时便缺少对辐射源动态特性的检测，也缺少对有可能出现的未知辐射源的情况的处理。众所周知,雷达辐射源在战场上具有很强的动态特性,部分雷达辐射源具有多功能特点,常常会根据执行任务的变化而发生变化,这些动态特性往往蕴含更多的态势信息,预示着态势的变化。目前大部分方法仅在调制方式层面对辐射源进行了分选,而无法完成针对同一辐射源的不同调制信号的分选,对辐射源的动态行为无法实现实时监测挖掘。

2）雷达辐射源信号分选未来方向

基于上述针对现有雷达辐射源信号分选方法模型的分析与研究,认为雷达辐射源信号分选未来的发展趋势如下。

（1）实现非理想情况下的模型升级研究

雷达辐射源信号分选工作在未来必然要从理论转向实际,因此围绕这一目标,目前方法将完成面向非理想情况的模型升级,要求模型具备应对实测数据中可能出现的脉冲交叠、脉冲丢失以及低信噪比等非理想情况。

（2）模型泛化能力提升研究

雷达辐射源信号分选研究的另一个趋势将是提高模型泛化能力。这将从两方面入手：①引入新的特征提取方法,在更多的变换域内提取分选力、抗噪性强的特征；②结合以迁移学习、不均衡学习、小样本学习、零样本学习为代表的新兴的人工智能技术,着重研究实现非监督或半监督条件下的分选,拓展模型在不同数据集的泛化能力。

（3）在线分选方法研究

战场瞬息万变,对雷达辐射源信号分选的实时性要求也持续增强,因此在线分选方法将是未来主要研究趋势之一。以数据流聚类为代表的在线学习、增量学习方式势必将得到广泛关注并与雷达辐射源信号分选任务继续深入融合。

（4）辐射源动态行为监测研究

雷达辐射源信号是以脉冲流的形式存在并被接收的,其本身蕴含着重要的时间维度信息,然而目前对脉冲流随时间变化信息的挖掘能力依然不足,但其实这些信息不可忽视。这些信息揭示着雷达辐射源的动态行为变化,代表着战场态势的改变,具有十分重要的价值。因此,这一信息的挖掘必将成为另一个重要研究方向,即提高分选算法对辐射源复杂动态行为的检测,着重发现变化时刻并掌握变化规律,结合在线挖掘及异常检测技术,挖掘更强的特征手段以及演化检测机制,实现更准确对辐射源动态行为捕捉及监测能力。

1.2.2 数据流聚类技术研究现状

当今社会拥有海量的数据,而信息和知识却贫乏,原因在于缺乏有效的数据挖掘工具。数据挖掘(Data Mining,DM)技术兴起于20世纪80年代,近年来随着大数据以及机器学习时代的到来得到了迅猛的发展。1998年,数据流以一种数据形式首次被Henzinger等正式提出[175-176],自此,数据流挖掘成为数据挖掘重要研究分支之一。数据流(Data Stream,DS)是指大量连续到达的、潜在无限的有序数据序列[177-178],这些数据或其摘要信息只能按照顺序存取并被读取一次或有限次。数据流是近年来被重点关注的新的数据类型,广泛存在于现代社会的各个领域[179],如气象数据[180]、网络数据[181]、金融交易数据[182]等。当前数据流挖掘已经发展成为包括数据流分类[183]、数据流聚类[184]、离群点检测[185]等多项内容的重要技术领域。本书重点对数据流聚类展开研究。

数据流聚类是以在线无监督的方式将数据流的点动态地进行划分,将相似度高的点划分到一个类中,而将相似度低的点划分到不同类中。数据流聚类与传统聚类最大的不同在于对数据的处理方式,传统聚类是对整个数据集进行统一处理,甚至可以求取每个点与其余所有点的相似度,再进行优化处理;然而对于数据流而言,不可能等到收集所有点之后再处理,因此只能以一种在线或增量的方式进行处理,因此为了区分,将与数据流概念相对应的、以数据集形式存在的数据称为静态数据集,简称数据集,且将传统的对数据集统一聚类的聚类方式称为静态聚类。数据流与静态数据集的区别很大,具体主要体现在以下几方面:①数据流中的点是持续到达,且数目趋于无穷;②数据流的处理顺序是无法被控制的;③绝大部分数据样本一旦被处理后会删除;④数据流产生的过程极可能是非平稳的,即具有演化性质(Evolving Property),将这种具有演化性质的数据流称为演化数据流(Evolving Data Stream)。

数据流的以上性质决定了不可以按照传统的静态聚类方法解决数据流聚类问题,因为需要考虑以下几点挑战:①数据流的存储空间是有限的,而数据流是无限的,不可能完全将数据流存储之后再处理。②对数据流处理时间的要求也是快速的。③对数据流的处理方式要求是单遍的(One Pass),即数据流的大部分数据是单遍扫描的,而不是多遍扫描。这是由于数据流的无限性导致大部分数据点无法存储在主存中,因此对于这些数据,仅有单次扫描的机会。④对数据流的处理结果通常是近似的。一般对数据流的结果采用摘要(Summary)或概要(Synopsis)形式表示,即将数据流的基本必要信息保存在摘要中,这必然会造成信息一定程度的损失。

数据流聚类算法是随着静态聚类算法的发展而发展的,近年来对于数据流聚类算法而言,主要的研究方向是对基于静态聚类算法的动态化改造,与静态数据相对应,目前数据流聚类算法也可大概分为五个方向,即基于划分、层次、密度、网格与图论的数据流聚类算法。需要指出的是,在静态聚类中,基于模型的聚类是一个重要分支,然而在数据流聚类领域,基于模型的数据流聚类方法并不多见,主要原因在于数据流的实时动态发展特性导致很难将数据流固定成一个数学模型。下面对这几种方法进行简要介绍。

1. 基于划分的数据流聚类

划分思想是聚类分析最基本的思路,即对于一个数据集 $\mathcal{X}=\{x_i\}_{i=1}^N$,将数据集划分为 k 个组(簇),一般 $k \ll N$,每个组至少包含一个对象,一般每个组有一个中心(Center)或代表点(Exemplar),典型的代表方法有 K 均值(K-Means)、K-Median、亲密度传播(Affinity Propagation, AP)算法。基于划分的数据流聚类主要思路是对传统划分方法进行动态化改进,以适应数据流聚类的任务。

文献[186]基于 K-Median 方法,提出了满足单边扫描约束的数据流聚类算法,该算法对空间和时间的消耗较低,是数据流聚类算法早期的代表算法之一。文献[187]在文献[186]基础上做了深入完善,采用滑动窗口对数据流进行处理,节约了在计算和存储方面的开支。

除此之外,分治(Divide-and-Conquer)策略被广泛引入到数据流聚类算法设计中,概括来讲,分治思想主要包括三个步骤,首先将数据集分为若干个子集,然后利用聚类算法(如 K-Means 算法)在各自子集上进行聚类,最后将各子集的聚类结果进行整合,代表算法如 STREAM 算法[188]、FEKM 算法[189]等。

AP 算法是 2007 年提出的聚类算法[190],相比传统的 K-Means 和 K-Median算法而言,其最大的优势是不需要预先指定类中心与类个数。由于数据流是源源不断发展的,那么其聚类个数本身很难预先指定,而 AP 算法的这一优势恰好符合数据流的特性,因此有相当一部分数据流聚类算法围绕 AP 展开[191-193],其中具有代表性的是 STRAP 算法[193]。

2. 基于层次的数据流聚类

层次聚类思想是逐层实现聚类,可从自上而下和自下而上两个方向对数据集进行分割或聚集,典型的代表方法有 BIRCH(Balanced Iterative Reducing and Clustering using Hierarchies)和 CURE(Clustering using Representative)算法,可以通过建立一种树结构来实现聚类。由于这种树结构比较便于增量维护,因此相当一部分数据流聚类算法采用层次聚类的思想进行数据流处理。

Aggarwal 等基于层级聚类的思想,提出了 CluStream 算法[194]。CluStream 算法分为在线和离线两个阶段,在在线阶段对微簇(Micro Cluster)进行维护,在离线阶段按照要求实现不同粒度的聚类,这两阶段框架成为数据流聚类算法应用最广泛的框架,后续绝大部分算法均采用类似结构。概括来讲,数据流聚类处理过程中不进行宏观聚类,只在细微尺度上对微簇进行维护,直到用户发出聚类要求,算法进行宏观聚类,这一处理框架最大的好处是节省了计算资源,提高了计算速度。随后,Aggarwal 等又根据类似的思想提出了 HPStream 算法应用于高维度数据流处理。HPStream 算法在 CluStream 算法基础上附加了投影和衰减结构,有效降低了高维数据存储及处理的难度。

3. 基于密度的数据流聚类

尽管基于划分、层次思想的聚类算法层出不穷,但这两类算法的弊端之一是不能发现任意形状的类簇。其原因在于这两类算法主要采用距离度量,导致最终每个类簇呈现球状簇。基于密度的聚类思想恰恰能解决该问题,其主要思路是将空间中被稀疏区域分开的区域定义为簇,保证了其从理论上可以发现任意形状的簇。基于密度的静态聚类算法成为聚类的重要分支,DBSCAN[195]是最经典的基于密度的静态聚类算法之一。2006 年,Cao 等在 DBSCAN 算法基础上,引入了与 CluStream 算法类似的两阶段处理框架,提出了 DenStream 算法。DenStream 算法对类簇形状不做过多要求,并且可预先发现一些“潜在类簇”,更精准地反映了数据流的真实形态。随后,有很多类似算法围绕 DenStream 算法展开,从不同思想对 DenStream 算法进行了改进或完善,如 C-DensSream[196]、GeoDenStream[197]等,但基本原理比较类似。

4. 基于网格的数据流聚类

为了解决基于密度的聚类算法普遍具有的高复杂度问题,学者提出了基于网格的聚类算法。基于网格的聚类思想是将数据空间进行网格划分,对网格内的数据进行压缩表达,然后对高密度的网格进行筛选且将高密度网格相连成簇。比较典型的网格聚类算法包括 STING(Statistical Information Grid)算法、CLIQUE

(Clustering in Quest)算法。基于网格的聚类思想本质上和基于密度的聚类思想相类似,因此,目前基于网格的数据流聚类算法的发展是网格与密度相结合,如D-Stream[198]算法,提出了密度网格的概念,通过结合CluStream的两阶段处理框架,实现了对数据流的动态聚类。类似的比较成熟的算法还包括ExCC算法[199]、CAStream算法[200]等。

5. 基于图论的数据流聚类

图论(Graph Theory)是数学的重要组成部分[201],图论主要是对图展开分析。图通常由若干顶点和连接两顶点的边所构成。谱聚类(Spectral Clustering)[202]便是基于图论的聚类中最典型的代表,目前已经成为聚类领域重点研究对象。谱聚类将数据点作为图的顶点,数据点之间的距离或相似度作为图的边,从而构造图,再结合图的组合优化方法实现聚类。典型的谱聚类方法包括SSC(Sparse Subspace Clustering)[203]、LRR(Low-rank Representation)[204]等。谱聚类对类簇的形状没有要求而且可得到全局最优解,聚类结果稳定且优质,目前广泛应用于机器视觉、人脸识别等领域,是聚类的未来发展趋势之一。

基于图论的数据流聚类目前研究处于发展阶段,尽管陆续有方法提出,如SSSC[205]、SLRR[205]、SLSR[205]等,但具有代表性的成果并不多见,主要原因在于数据流聚类的潜在要求是对大部分数据的单遍扫描,而基于图论聚类的思想是通过所有点构造图再进行分割,二者在数据点的处理问题上出现了矛盾。本书将重点解决这一矛盾,在数据流聚类的背景下实现基于图论的动态聚类。

1.3　基于数据流聚类的雷达辐射源在线分选的关键问题

传统的雷达辐射源分选技术在当今复杂的电磁环境中已经略显不足,源源不断的脉冲流对雷达辐射源分选技术提出了严峻的考验,因此,雷达辐射源分选技术需要数据流聚类技术的引进,提升其在复杂电磁环境中的生存能力。然而,实现基于数据流聚类的雷达辐射源在线分选并非易事,主要关键挑战在于:

① 脉冲流的演化特性。这主要是由辐射源的动态行为引起的。众所周知,在电子战场中,辐射源种类繁多,且功能多样。因此雷达辐射源在线分选所处理的数据流(脉冲流)必将表现出很强的演化特性,即不断有新的辐射源数据出现或已经

存在的辐射源数据消失(由于辐射源关机)。而目前在数据流聚类领域,演化数据流聚类处理是颇具挑战性的问题之一,原因在于缺乏一个有力的检测与适应演化的处理框架。因此,无论是雷达辐射源在线分选领域还是数据流聚类本身都需要提高对演化数据流的处理能力。

② 脉冲流或脉冲特征的高维特性。由于传统的 PDW 已经很难对脉冲进行有力描述与区分,因此,脉冲特征向着脉内、高维度、高复杂变化域不断发展。同时,由于脉冲调制技术不断成熟,催生了脉冲以及脉冲特征的维度不断变高。而过高的维度使得传统的基于欧氏距离度量的聚类分析方法不再适用。目前数据流聚类领域,大部分算法仍基于传统距离度量,这些算法在处理雷达辐射源信号组成的脉冲流以及其他领域的高维数据流时均难以获得满意的效果。因此,若要实现雷达辐射源在线分选,需要解决如何在高维空间中实现数据流的聚类。

③ 脉冲流的非平衡特性。这主要由于非合作辐射源的存在所导致。由于电子战场的特殊性,非合作源广泛存在,这些合作源往往工作时间极短,所产生的数据相对而言比较少,造成在数据流中,来自各个辐射源的数据是不平衡的。非均衡数据(流)是近年来研究的重点问题,也是现实世界中各行各业普遍存在的现象,而针对非均衡数据流的聚类算法尚未出现诸多成果。因此,若要提高基于数据流聚类的雷达辐射源在线分选算法在实际电磁环境中的生存能力,必须要解决非均衡数据流的聚类问题。

针对上述挑战,本书首先阐述了基于数据流聚类的雷达辐射源在线分选统一框架,并针对三类挑战分别提出了解决方法。

1.4 本书主要工作及内容安排

本书在数据流聚类框架下解决雷达辐射源在线分选问题,针对脉冲流的强演化特性、高维特性以及非平衡特性等具体问题,开展基于数据流聚类的辐射源在线分选方法研究。全书共分 6 章,各章节内容之间的相互关系如图 1.8 所示。

第 1 章"绪论",主要对本课题的研究背景与研究意义进行阐述,同时,从雷达辐射源信号分选、数据流聚类技术两个主要角度概括阐述了当前本课题国内外相关研究的现状与趋势,并分析了基于数据流的雷达辐射源信号分选的三个关键挑战,即脉冲流的演化特性、高维特性以及非平衡特性。最后介绍了本书的主要内容与全书架构。

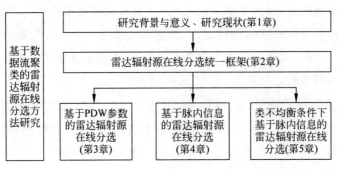

图 1.8　本书主要研究内容结构

第 2 章"基于数据流聚类的雷达辐射源在线分选统一框架",首先对数据流聚类以及静态聚类进行了分析与对比,阐述了数据流聚类与静态聚类的区别,总结了数据流聚类的特点。同时,该章对基于数据流聚类的雷达辐射源在线分选问题进行了数学抽象与建模,特别对辐射源的演化特性进行了定义与分析,建模了辐射源出现、消失与复现的三种典型演化形式。通过对基于数据流聚类的雷达辐射源在线分选问题的分析,该章给出了统一处理框架,为后续章节所提出的算法设计了合理的底层架构支撑。

第 3 章"基于 PDW 参数的雷达辐射源在线分选",针对脉间信息可获取或脉内特征较低情况,提出 I-STRAP(Improved Stream Affinity Propagation)算法,实现对雷达辐射源信号的在线分选。相比已有的大部分同类算法,I-STRAP 算法考虑了更加复杂且现实的场景,通过对雷达脉间信息的动态聚类处理,实现对雷达辐射源在线分选,同时对雷达辐射源的动态行为进行监测。具体地,结合辐射源的典型动态行为,I-STRAP 定义了类的出现、消失、复现三种最典型的类的演化形式,通过类演化检测机制可对三种类演化形式进行检测并作出调整,使得 I-STRAP 算法能实时反映数据流当前模式。

第 4 章"基于脉内信息的雷达辐射源在线分选",针对当脉内特征维度较高导致大部分基于传统距离度量的数据流聚类算法将失效的情况,提出了对脉冲流进行基于稀疏表示的动态子空间聚类,即 EDSSC(Evolutionary Dynamic Sparse Subspace Clustering)算法[206-207]。EDSSC 算法不仅以高质量的聚类结果完成对演化数据流的在线子空间聚类,同时也对子空间结构进行实时监测,有效地检测出子空间出现、消失与复现这三种典型的子空间演化形式。具体地,该章首先提出了子空间数目估计算法,该方法有效提高了对数据集子空间数目的估计精度,减少了子空间聚类对先验知识的依赖，为实现在线子空间数目估计奠定基础。然后，该章提出并建模了EDSSC概要。利用EDSSC概要，平衡了目前阻碍在线子空间聚类发展的矛盾，即为追求聚类准确度而保存更多的点还是为追求聚类效率而放弃更多的点。另外，该章提出并从数学上定义了ASCI指标。较之于目前广泛采用的SCI指标，本章从理论上证明了SCI指标仅是ASCI指标的一种特例，ASCI指标是SCI指标的推广。ASCI指标在解决非平衡数据流聚类问题时效果远远优于SCI指标。同时，该章还基于Page-Hinkley（PH）检测以及衰减函数设计了子空间演化检测机制，对子空间出现、消失与复现这三种典型的子空间演化形式进行了有效的检测与适应，确保了EDSSC算法对演化数据流的处理能力。

第5章"类不均衡条件下基于脉内信息的雷达辐射源在线分选"，主要针对现实中普遍存在的非均衡脉冲流，提出了类不均衡条件下雷达辐射源信号在线分选的DI-ESC（Dynamic Improved Exemplar-based Subspace Clustering）算法[208]。该章提出了两种算法，即I-ESC算法与DI-ESC算法，分别处理类不均衡静态数据集和非均衡演化数据流。I-ESC算法有效解决了ESC算法对初始化敏感的问题，提高了ESC算法的鲁棒性。DI-ESC算法有效地对非均衡演化数据流进行处理，成功突破了目前数据流算法普遍无法处理非均衡演化数据流的瓶颈。具体地，该章首先从理论分析了ESC算法性能不稳定的原因，提出了I-ESC算法，I-ESC算法解决了ESC算法的随机初始化问题，同时引入参数η实现了选取代表点数目的自适应化。然后，基于I-ESC算法提出了DI-ESC算法，实现了对非均衡演化数据流的在线子空间聚类。DI-ESC算法通过在线更新维护DI-ESC概要实现了对数据流模式的实时表达，同时对于子空间出现、子空间消失以及子空间复现三种最典型的子空间演化形式可实现精准检测与适应。

第2章

基于数据流聚类的雷达辐射源
在线分选统一框架

2.1 引言

数据流聚类是数据挖掘领域的重要手段,特别是在大数据时代,各行各业的数据以流的形式源源不断产生,数据流聚类方法可以实现对这些数据流的实时挖掘。雷达辐射源信号本质上是一种特殊的数据流(脉冲流),而对雷达辐射源信号的在线分选,本质上就是对这种数据流进行在线聚类的过程。从这个意义上讲,雷达辐射源信号在线分选完全可抽象为一个特殊的数据流聚类问题。在当前复杂电磁环境的挑战下,运用数据流聚类理论解决雷达辐射源信号在线分选问题是合理且必要的,是提升雷达辐射源信号分选能力的新的途径与手段。

但应该指出,目前已有的数据流聚类算法不可以直接用来解决雷达辐射源信号在线分选问题,原因在于雷达辐射源脉冲流的特殊性,主要表现为三点:①辐射源的动态特性很强,导致数据流具有很强的演化性,这在数据流领域称为演化数据流,演化数据流处理是近年引发广泛关注的颇具挑战性的难题之一;②信号的高维特性,导致传统的基于欧氏空间度量的数据流聚类方法失效;③非合作源的存在以及辐射源之间的 PRI 差异等原因导致的数据流的非均衡特性,类不均衡数据流的处理目前仍是难点之一。因此,从本章开始,重点针对上述特殊性,提出相应算法,实现基于数据流聚类的雷达辐射源信号在线分选。

本章重点提出了基于数据流聚类的雷达辐射源在线分选处理的统一框架,为后续章节所提出的算法设计了合理的底层结构支撑。具体地,首先在 2.2 节中,对雷达辐射源在线分选问题从数学角度进行了抽象与建模,为后续章节的分析进行了数学铺垫。随后在 2.3 节,概括总结了数据流聚类算法的特点,简要介绍了相关理论技术基础,重点分析了数据流聚类算法与传统静态聚类算法的差异。并且在 2.4 节提出了适合解决雷达辐射源在线分选问题的合理且统一的框架。2.5 节对本章进行了总结。

2.2　雷达辐射源在线分选问题抽象与建模

假设一个典型的动态雷达辐射源在线分选场景:在 t 时刻,共有 k^t 个雷达辐射源(为了行文简洁,在下文中称其为辐射源)同时工作,每个雷达辐射源可以用 $\mathcal{E}$ 来表示,那么 k^t 个辐射源可以表示为 $\mathrm{E}^t = \{\mathcal{E}_k^t\}_{i=1}^{k^t}$。与此同时,假设场景内存在一接收机能接收这些辐射源持续不断产生的信号脉冲[209,210]。

假设在 t 时刻,接收机接收到脉冲信号为 x^t,且 $x^t \in \mathbb{R}^{D \times 1}$。我们假设不存在脉冲之间的交叠,则脉冲流可表示为 $\mathcal{X} = \{x^t\}_{t=1}^{N}$ ($N \to \infty$),每个脉冲即 x^t 为一个多维特征向量。

如前所述,辐射源具有演化特性,我们定义如下:

辐射源演化特性:是指辐射源为了切换不同功能或工作状态(如开、关机)而执行的动态行为。

具体地,本章将重点考虑三种最典型的辐射源演化形式,即辐射源的出现、消失与复现,我们分别定义如下:

- 辐射源出现:是指一个新的辐射源在 t 时刻开始工作。某辐射源 $\mathcal{E}$ 满足 $\mathcal{E} \notin \mathrm{E}^1 \cup \mathrm{E}^2 \cup \cdots \cup \mathrm{E}^{t-1}$ 且 $\mathcal{E} \in \mathrm{E}^t$,我们称该辐射源在 t 时刻出现。

- 辐射源消失:是指之前已经存在的辐射源在最近一段时间不再工作,即若存在一个辐射源 $\mathcal{E}$ 满足 $\mathcal{E} \in \mathrm{E}^{t_0} \cap \mathrm{E}^{t_0+1} \cap \cdots \cap \mathrm{E}^{t-1}$ 且 $\mathcal{E} \notin \mathrm{E}^t$,同时 $1 \leqslant t_0 < t$,则称 $\mathcal{E}$ 消失。

- 辐射源复现:是指一个之前消失的辐射源在 t 时刻再次出现,即若辐射源 $\mathcal{E}$ 满足 $\mathcal{E} \in \mathrm{E}^{t_1} \cap \mathrm{E}^{t_1+1} \cap \cdots \cap \mathrm{E}^{t_2-1}$,$\mathcal{E} \notin \mathrm{E}^{t_2} \cup \mathrm{E}^{t_2+1} \cup \cdots \cup \mathrm{E}^{t-1}$,和 $\mathcal{E} \in \mathrm{E}^t$,其中 $1 \leqslant t_1 < t_2 < t$,则称辐射源 $\mathcal{E}$ 在 t 时刻复现。

那么,雷达辐射源在线分选问题可以抽象为下述数学问题:

基于数据流聚类的雷达辐射源在线分选问题,即在给定脉冲流 $\boldsymbol{X}^t$ 的条件下,雷达辐射源信号在线分选是实现在任意 t 时刻,确定辐射源 $\mathbb{E}^t = \{\mathcal{E}_i^t\}_{i=1}^{k^t}$ 以及为每个脉冲 $\boldsymbol{x}^t$ 分配一个对应的辐射源 $\mathcal{E}_i(i \in [1, k^t])$。

2.3　数据流聚类算法与静态聚类算法

2.3.1　静态聚类算法

聚类一般用于对无标签数据进行无监督学习(Unsupervised Learning)。其目标是将数据分成若干个簇,使得同一簇内的点尽可能有高相似度,而不同簇间的点的相似度尽可能低。图 2.1 展示了对一个二维点群进行聚类过程,具有相同颜色的点表示隶属于同一簇。可以看到,聚类就是将相似的点尽可能划分到同一簇,而将不相似的点划分到不同簇内。

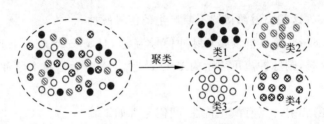

图 2.1　对二维点集聚类

聚类经历了多年的发展,目前已成为一个庞大的研究学科[211],从业科研人员围绕聚类这一目标提出了多种方法。一般地,可以将聚类主要分成以下几类,即基于划分、基于层次、基于密度、基于网格、基于图论以及基于模型的方法[212]。聚类的最大优势在于其不需要预先训练,较之于需要大量训练集的分类方法来说,其更加符合现实需求,因此在各个领域均有广泛应用。

目前,基于划分和基于图论中的谱聚类是聚类分析中两个主流研究方向,也是本书最相关的两种方法。我们以应用最广泛的 AP 算法(基于划分的典型代表)以及子空间聚类(Subspace Clustering,SC)算法(谱聚类的典型代表)对静态聚类做简要的介绍,同时也为后续章节分析铺垫相关理论基础。

1. 基于划分的静态聚类

亲密度传播算法(Affinity Propagation,AP),也称为近邻传播算法,是由 Frey

和 Dueck 于 2007 年在 *Science* 杂志上提出的一种新型聚类算法。相较于传统的聚类算法，AP 聚类不需要预先指定聚类个数以及聚类中心，这使得它更贴近无监督学习的设定。同时，AP 算法以较高的效率得到十分稳定的聚类结果。

AP 算法的基本思想是将每一个点都当作潜在的聚类中心（Exemplar），将全部的样本点两两连线从而形成一个网络，通过该网络的各条边来传递两种消息：吸引度（Responsibility）和归属度（Availability），通过迭代不断更新每个点的吸引度和归属度，直到产生一定量的高质量的聚类中心。

假设待分数据集 $\mathcal{X}=\{x_1,x_2,\cdots,x_N\}$。假设聚类结果可以表示为 $\sigma:[1\cdots N]\to[1\cdots N]$，目前聚类的主流思想是通过计算不同聚类结果下的失真度来寻找最优的聚类结果，或者对聚类结果优劣的评估。失真度定义为定量描述利用聚类代表点集代表原始数据集而产生压缩损耗，我们将聚类结果 σ 下的失真度表示为 $\mathcal{L}(\sigma)$，则一般通过失真度来进行聚类的方法可概括为解决如下优化问题：

$$\sigma^* = \mathrm{argmin}(\mathcal{L}(\sigma)) \tag{2.1}$$

不同的聚类算法对 $\mathcal{L}(\sigma)$ 的具体定义是不同的，比如传统的失真度定义为

$$\mathcal{L}(\sigma) = \sum_{i=1}^{N} d(x_i, x_{\sigma(i)})^2 \tag{2.2}$$

其中，$d(x_i, x_j)$ 为任意两点 x_i、x_j 的距离。由式（2.1）可以看出，该失真度定义与聚类数目无关，这样就需要指定聚类个数，而现实中往往是不知道聚类个数的，从而降低了聚类算法的实用性。

AP 算法对 $\mathcal{L}(\sigma)$ 进行了更复杂的定义：

$$\mathcal{L}(\sigma) = -\sum_{i=1}^{N} S(i,\sigma(i)) - \sum_{\mu=1}^{N} \log \chi_\mu[\sigma] \tag{2.3}$$

其中，

$$S(i,\sigma(i)) = \begin{cases} -d^2(x_i, x_{\sigma(i)}), & i \ne \sigma(i) \\ p, & \text{其他} \end{cases} \tag{2.4}$$

而 $\chi(\cdot)$ 是一个惩罚函数，来约束每一个被选为代表点的点必须也成为自己的代表点，即

$$\chi_\mu[\sigma] = \begin{cases} 0, & \exists \sigma(\mu) \ne \mu, \exists i \text{ s.t. } \sigma(i) = \mu \\ 1, & \text{其他} \end{cases} \tag{2.5}$$

注意 AP 算法通过引进参数 p 对聚类的个数进行约束。特殊地，当 $p=0$，最优解是所有点都为自己的代表点，即将数据集分成了 N 份；而当 $p=-\infty$，则最优

解将是所有点聚成 1 类,即将数据集分成了 1 份。一般地,p 参数越大,聚类结果的个数越多。

AP 算法通过信息传递算法来解决上述优化问题。具体地,共有两种信息传递,即吸引度和归属度。吸引度 $r(i,k)$ 衡量 $\boldsymbol{x}_k$ 点作为 $\boldsymbol{x}_i$ 点的聚类中心的适合程度,而归属度 $a(i,k)$ 衡量了点 $\boldsymbol{x}_i$ 选择点 $\boldsymbol{x}_k$ 作为其聚类中心的适合程度。

所有的吸引度和归属度初始值均设置为 0,二者依据如下方式进行迭代更新:

$$\begin{cases} r(i,k) = S(\boldsymbol{x}_i,\boldsymbol{x}_k) - \max\limits_{k',k'\neq k}\{a(i,k^k)+S(\boldsymbol{x}_i,\boldsymbol{x}_{k'})\} \\ r(k,k) = S(\boldsymbol{x}_k,\boldsymbol{x}_k) - \max\limits_{k',k'\neq k}\{S(\boldsymbol{x}_k,\boldsymbol{x}_{k'})\} \\ a(i,k) = \min\{0,r(k,k)+\sum\limits_{i',i'\neq i,k}\max\{0,r(i',k)\}\} \\ a(k,k) = \sum\limits_{i',i'\neq i,k}\max\{0,r(i',k)\} \end{cases} \tag{2.6}$$

当循环满足预设循环最大次数或者聚类结果保持不变时,循环终止。对于任意点 $\boldsymbol{x}_i$ 而言,其代表点 $\boldsymbol{x}_{\sigma(i)}$ 最终定义为

$$\sigma(i) = \operatorname{argmax}\{r(i,k)+a(i,k),k=1,2,\cdots,N\}$$

图 2.2 阐述了 AP 算法吸引度和归属度传播机制,图 2.3 则重点展示了数据点集经 AP 传播机制后逐渐形成的 3 个类簇。由图 2.3 可以看到,AP 算法最终为每一个类选了一个代表点,该代表点是一个实际存在的点,是由类内其他点共同选择出来的。

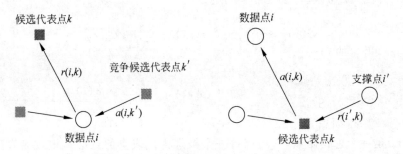

图 2.2　AP 算法吸引度和归属度传播机制

相较于最经典的 K-Means 算法,AP 算法最大的优点体现在两个方面:①不需要预先设定类的个数以及类的中心点;②性能很稳定。因为 K-Means 算法对初始信息极其敏感,不能保证找到全局最优解,因此 K-Means 算法的结果具有较大的波动性。

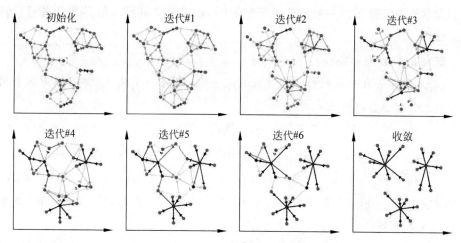

图 2.3 AP 算法聚类过程示例

2. 基于表示的静态子空间聚类

子空间聚类(Subspace Clustering,SC)是聚类的一个重要的分支,子空间聚类的目标是通过检测原特征空间中的不同低维子空间来将数据划分成不同的类,每一类对应一个子空间。这些数据往往并不是围绕一个类中心分布的,而是分布在不同的子空间上,因此经典的利用数据距离相近的聚类算法不再适用。实际上,相关学者围绕子空间聚类这一核心问题从各个角度提出了多种算法,例如,坐标轴平行子空间聚类(Axis-parallel SC),代表方法如文献[213-215],能够发现与坐标轴平行的子空间。而 4C[216]、CASH[217] 和 ORSC[218] 等方法将子空间探测从固定方向拓展到了任意方向,特别指出的是,基于同步聚类(Synchronization Clustering)思想的 ORSC 聚类在准确率和可扩展性上都达到了领先的水平。除此之外,非相交子空间聚类重点关注对彼此不相交甚至是独立的子空间进行聚类,这和本书工作是最贴近的。同时,非相交子空间聚类在人脸识别领域正得到最广泛的关注与研究,如人脸识别、图像表示与压缩、机器视觉、图片分割、运动分割等。因此,除非特殊强调,在下文中的子空间聚类将重点指代非相交子空间聚类。

目前,基于表示的子空间聚类算法(Representation-based SC,RBSC)成为子空间聚类算法的主流,最具代表性的 RBSC 方法如 SSC(Sparse Subspace Clustering)[203]、LRR(Low-rank Representation)[204],以及基于二者的各类衍生算法。这类方法是基于高维数据点的自表示性质(Self-expressiveness Property)展开的[205,219,220],即高维

数据点本质上是分布在一系列低维子空间中,每一个点都可以由其他点进行线性表示,即:

定义 2.1(自表示特性):假设高维子空间的点集 $X = [x_1 \cdots x_N]_{d \times N} \in \mathbb{R}^{d \times N}$ 的 N 个点全部来自一系列独立线性或仿射空间,则每一个点 x_i 都能够由其余的点线性或仿射组合进行表示,即

$$x_i = Xc_i \tag{2.7}$$

其中,$c_i = [c_{i1} c_{i2} \cdots c_{iN}]^T \in \mathbb{R}^{N \times 1}$ 且 $c_{ii} = 0$。利用自表示特性,可以得到

$$X = XC, \quad \mathrm{diag}(C) = 0 \tag{2.8}$$

其中,$C = [c_1 c_2 \cdots c_N] \in \mathbb{R}^{N \times N}$ 且 $\mathrm{diag}(C)$ 是矩阵 C 的对角元素组成的向量。本书将 C 称为表示矩阵。

由式(2.8)可知,其有无限多的解[203],不过我们可以通过如下优化问题对结果进行约束,即

$$\min f(C) \quad \text{s.t.} \quad X = XC, \quad \mathrm{diag}(C) = 0 \tag{2.9}$$

其中,$f(\cdot)$ 泛指目标函数。

不同的 RBSC 算法主要是式(2.9)中的目标函数不同。当前,有两种典型的目标函数,即基于范数的和基于低秩的。前者代表的方法如 SSC[203]、LSR(Least Squares Regression)[221],而 LRR[204] 是后者的主要代表。

对于 SSC 来说,$f(C) = \| C \|_0$,其中 $\| \cdot \|_0$ 表示 0 范数;而对于 LSR 而言,$f(C) = \| C \|_F$,其中 $\| \cdot \|_F$ 代表 Frobenius 范数①;而对于 LRR,$f(C) = \mathrm{rank}(C)$。即 SSC 强制 C 是稀疏的,从而将高度相关的数据划分到一起,而 LRR 鼓励 C 是低秩的。

应当指出的是,我们只重点提及了 SSC、LSR 和 LRR。事实上,大部分 RBSC 算法都是上述三种目标函数的变形或者组合,如近期提出的 LSS[222]。通过式(2.9)得到的最优解 C^* 会被用于建立一个亲密度矩阵 W。然后,对 W 进行传统的谱聚类方法即可得到子空间聚类结果[223-225]。

下面我们以 LRR 为例简要阐明式(2.9)的具体解法。不失一般性,将实际中包含的噪声污染考虑进来,则式(2.9)通常转化为下述优化问题:

$$\min_{C,E} \mathrm{rank}(C) + \lambda \| E \|_\ell \quad \text{s.t.} \quad X = XC + E \tag{2.10}$$

---

① $C_{N \times N}$ 的 Frobenius 范数为 $\| C \|_F = \sum_{i=1}^{N} \sum_{j=1}^{N} |c_{ij}|^{1/2}$。

其中，$\lambda > 0$ 是平衡参数；E 是附加的误差矩阵，并且假设 E 是稀疏的；$\|\cdot\|_\ell$ 表示某种正则化策略。然而，式(2.10)因为 rank 函数的存在是很难优化的。现实中，我们会用 $\ell_{2,1}$ 范数来约束第二项，并且用核范数来替代 rank 函数[226]，即

$$\min_{C,E} \|C\|_* + \lambda \|E\|_{2,1} \quad \text{s.t.} \quad X = XC + E \tag{2.11}$$

其中，$\|\cdot\|_*$ 表示核范数。式(2.11)是凸优化问题并且可有多种方法解决，本书主要应用的是当前准确度最高、效率最高的最前沿的解法，即 IALM(Inexact Augmented Lagrange Multiplier)方法[227,228]。

然后，C 的 Skinny 奇异值分解(Singular Value Decomposition, SVD)为

$$C^* = U^* S^* (V^*)^{\mathrm{T}} \tag{2.12}$$

亲密度矩阵 W 可按照下述方法建立，即

$$[W]_{ij} = ([\widetilde{U}\widetilde{U}^{\mathrm{T}}]_{ij})^2 \tag{2.13}$$

其中，$\widetilde{U} = U^* (S^*)^{\frac{1}{2}}$。

接下来可以对亲密度矩阵 W 运用谱分割的方法进行聚类。常见的谱分割方法包括 RatioCut、Normalized Cuts(NCut)等方法。下面以 NCut 方法为例简要介绍如何通过对 W 进行分割得到聚类结果。

首先通过 W 构造度矩阵 D，其为一个对角阵，主对角线元素 D_i 定义为亲密度矩阵 W 第 i 行所有元素之和，即

$$D_i = \sum_{j=1}^{N} w_{ij} \tag{2.14}$$

而度矩阵 $D = \mathrm{diag}\left(\sum_{j=1}^{N}[W]_{1j}, \cdots, \sum_{j=1}^{N}[W]_{1j}\right)$。随后构造正则化拉普拉斯矩阵 L：

$$L = I - D^{-1/2} W D^{-1/2} \tag{2.15}$$

计算 L 最小的 d(d 为数据维度)个特征值所对应的特征向量 $\{f_i\}_{i=1}^{d}$。将这些特征向量按列排列组成一个大小为 $N \times d$ 的矩阵 F。将 F 矩阵中每一行作为 d 维向量，使用 K-Means 算法对 N 个行向量进行聚类，每一行所属的类别即为对应的原 N 个点的类别。可以看到，子空间聚类实际上是利用自表示特性构造了亲密度矩阵，然后将亲密度矩阵转化为图，再结合经典谱聚类中的分割方法进行聚类，因此 RBSC 方法属于谱聚类方法并且目前是谱聚类方法中最先进的方法之一。

综上所述，以 AP 和 RBSC 为代表的新一代聚类算法促进了聚类算法新的发

展。尽管新的聚类算法不断被提出且在机器学习、计算机视觉等领域取得了一定的成功，然而这些聚类算法存在一个不容忽视问题，即这些方法对数据是批量处理。也就是说，这些方法只能对数据集统一处理，但这无法满足现实中对数据处理的实时性要求。同时，批量处理本身会忽略掉数据点背后蕴藏的时间变化信息，从这个角度讲，静态聚类已经无法满足当今社会的数据处理要求。因此，数据流聚类技术得到了关注与发展，在 2.3.2 节将重点对数据流聚类算法进行阐述。

2.3.2 数据流聚类算法

传统的聚类方法往往是针对一个数据集整体进行聚类。然后现实中，数据往往并不是批量到达，而是按照"流"的形式按时间顺序逐个（批）到达，我们将这样必须按序访问的点的序列称为数据流[177]。一般地，数据流可以表示为 $x^1, x^2, \cdots,$ $x^N (N \to \infty)$，上角标为时间戳，每个数据点是一个 n 维特征向量，即 $x^i = [x_j^i]_{j=1}^n$。

其实，数据流广泛存在于现实生活的各个角落，特别是在大数据时代，如气象数据、金融交易数据、互联网数据、通信数据等。这些数据往往规模巨大且持续时间相当长，因此很难存储在主存（Main Memory）中。因此，我们需要实现对数据流的动态挖掘，来保证存储和计算高效，数据流挖掘（Data Stream Mining）技术因此应运而生。考虑到现实中，数据流通常是无标签的，而对如此规模以及速度产生的数据流贴标签也是不切实际的，因此，数据流聚类技术逐渐发展为对数据流挖掘的一个重要研究方法。

目前，绝大部分数据流聚类算法都是基于对静态聚类改进得到的，其中 STReam Affinity Propagation（STRAP）[193] 和本书最相关，下面简要介绍 STRAP 算法。

1. 基于 AP 的数据流聚类——STRAP

2013 年，Zhang 将 AP 算法扩展到了数据流聚类领域，提出了 STRAP 算法[193]。STRAP 具有以下特点：①能够提供一个模型对数据流实现压缩表达；②该模型能够随着数据流的涌入而实现增量式更新；③可以提供实时查询聚类结果；④能够对数据流中的异常点进行检测。STRAP 算法的算法框架如图 2.4 所示，算法 2.1 为 STRAP 的伪代码。

算法 2.1 STRAP 算法

输入：数据流 $\mathcal{X} = x_1, \cdots, x_t, \cdots$，门限 ε；

步骤一：用 AP 算法对前 T 数据初始化，即 $AP(x_1, \cdots, x_T) \to STRAP$ 模型，且离群点存储池 $= \varnothing$；

步骤二：为每一个 x_t 找到最近的代表点 x_e，并计算二者距离 $d(x_t, x_e)$，若 $d < \varepsilon$，则更新 STRAP 模型，否则将 x_t 更新到离群点存储池；

步骤三：若满足模型重启条件，则重建 STRAP 模型，清空离群点存储池。

输出：STRAP 模型。

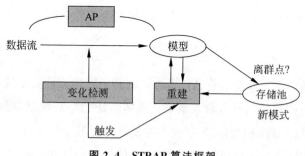

图 2.4　STRAP 算法框架

STRAP 算法主要分四个步骤：

① AP 算法首先作用于最初到达的数据束来计算代表点，从而使模型初始化。

② 随着数据流的流入，每个流入数据 x_t 会与模型中的代表点做比较。如果 x_t 离最近的代表点仍然大于某种门限，那么 x_t 被视为离群点（Outlier），否则数据流模型会将该点更新到模型中。

③ 整个模型进行变化检测，若离群点的数目超过一定的个数或者检测到数据流的分布已经发生变化，则模型会重新启动。

④ 存储池中的代表点会和模型已经建立的集合利用 WAP（Weighted Affinity Propagation）算法进行重建。

下面简要介绍 WAP 算法。

• WAP 算法

如前所述，AP 算法是面向静态集合的点进行聚类的，但其实这是默认所有点"权重"都是一致的，也可以说其聚类粒度是针对所有点之间的聚类。但有些情况下，数据集中在极小的距离内有一小群点，这一小群点很近甚至可以视为一个点的复制多遍的结果，这些点在聚类过程中可以被视为一个不需要再分的小类簇。当需要对点和点簇进行聚类时，AP 算法不再适用。WAP 算法便是将 AP 思想扩展到解决数据集中存在"权重"不同的点情况下的聚类问题。WAP 由 Zhang 于 2010 年提出[229]。下面对其主要思想进行简要概述：

假设存在数据集 $\mathcal{X}=\{(\boldsymbol{x}_i,n_i),i=1,\cdots,L\}$，其中 $(\boldsymbol{x}_i,n_i)$ 表示点 $\boldsymbol{x}_i$ 存在 n_i 个复制点(这些复制点可能被噪声干扰,任意两个复制点的距离用 ε_i 表示)。WAP 对两点之间的距离进行了定义：

$$S'(\boldsymbol{x}_i,\boldsymbol{x}_j)=\begin{cases} -n_id^2(\boldsymbol{x}_i,\boldsymbol{x}_j), & i\neq j \\ \varepsilon+(n_i-1)\times\varepsilon_i, & \text{其他} \end{cases} \tag{2.16}$$

WAP 聚类相当于找到一个组合 σ 使得下式达到最小化：

$$\mathcal{L}'(\sigma)=-\sum_{i=1}^{N}S'(i,\sigma(i))-\sum_{\mu=1}^{N}\log\chi_\mu[\sigma] \tag{2.17}$$

尽管 STRAP 算法成功地将 AP 算法扩展到了数据流聚类领域,但 STRAP 算法对演化数据流的处理仍具有较大缺陷。具体地,STRAP 可以检测数据流中的新类出现,但是无法处理旧类的消失以及类的复现等更复杂的演化形式,一段时间后会导致 STRAP 模型越来越臃肿,从而严重降低处理的效率;同时,类演化背后所蕴含的信息并未被有效地挖掘出来,因此 STRAP 算法必须要突破以上问题才会变得更加贴合数据流处理的实际。

2. 基于表示的数据流子空间聚类——Stream RBSC

尽管 RBSC 算法取得了不错的静态聚类结果,然而将 RBSC 算法扩展到数据流聚类处理领域却不是一件容易的事情,主要原因在于数据流聚类与数据点自表示之间存在的冲突。众所周知,数据流聚类要求算法尽可能少地保存点来争取更高的处理效率,而数据点自表示是基于数据点之间的表示展开的,通常更多的点可以保证表示效果。因此,二者之前存在着天然的冲突。本书将基于表示的数据流子空间聚类的方法统一称为 Stream RBSC。

目前 Stream RBSC 相关算法并不多见,目前最先进的方法包括 SSSC、SLSR、SLRR[205] 以及 online LRR[226]。这些方法的思路普遍基于下面的框架展开,如图 2.5 所示。这个框架明显由两个部分组成,即静态学习和在线聚类两个阶段,整个算法主要包括四个步骤(对应图中的 Step 1～Step 4)。首先,输入数据被拆分成两个部分,分别用于静态学习数据和在线聚类两个阶段。其次,运用某种静态聚类算法,如 SSC、LSR、LRR 算法对静态学习数据进行处理,得到静态聚类结果作为在线聚类的准备。然后,基于静态聚类结果,依次或成批将在线聚类的数据在一定的约束下进行表示并得到表示系数。最后,依据对表示系数的处理分析为在线聚类数据选择合适的子空间。

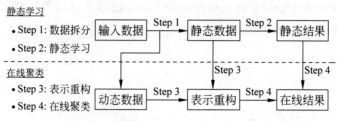

图 2.5　主流在线 RBSC 算法统一模型

需要指出的是,目前已有的 Stream RBSC 算法还不成熟,也无法用于雷达信号分选,主要体现在两个方面:①上述的框架无法处理演化数据流,即上述框架默认的是静态学习数据与在线聚类数据属于同一分布,但这在现实中是极其理想的情况;②上述框架无法处理类不均衡数据流,面对类不均衡的数据,基于表示的方法极容易发生包含数据多的类将包含数据少的类吞并的现象,这种现象将在第 5 章深入分析。

2.3.3　数据流聚类算法与静态聚类算法的区别

基于以上分析不难发现,数据流聚类与静态聚类虽然同为非监督方式,但在处理方式上仍存在比较大的差异,下面不失一般性地以子空间聚类为例,阐述数据流聚类和静态聚类算法的区别。

如图 2.6 和图 2.7 所示。图 2.6 举例说明了静态子空间聚类过程,图 2.7 举例说明了数据流子空间聚类过程。不难发现,静态聚类是批量同一处理数据集,直接将数据集中的点划分为四个子空间(对应 $S_1 \sim S_4$),这种方式也称为批量处理(Batch Processing),所得到的结果是非时变的。而数据流聚类结果却是实时变化的。图中给出了四个比较有代表性的时间戳($t_1 \sim t_4$)。截至 t_1 时刻,共发现三个子空间;到 t_2 时刻,又发现了新的子空间 S_4;到了 t_3 时刻,$S_3 \sim S_4$ 已经消失,只有 $S_1 \sim S_2$ 子空间保持活跃;到 t_4 时刻,子空间 S_3 又变得活跃,这些子空间的动态行为意味着数据流的演化特性。可以发现,数据流的演化特性是时变的,数据流聚类算法需要实时揭示数据流的变化。由对比可以发现,数据流聚类算法与静态聚类算法最大的不同就是数据流聚类必须在有限的存储以及时间限制下完成对数据流的点进行持续聚类。此外,数据流聚类算法一般还需要依据现实任务不同而部分实现以下要求：①提供一个可实时查询聚类结果的动态模型，并且该模型要压缩，对持续到达的数据流具有良好的缩放性能，不随着数据点的增加而大幅增长；②快速发现异常值（Outlier）并采取相应措施；③能迅速适应数据流的变化，如算法应该及时检测新类出现，或者类消失等。

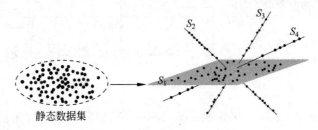

图 2.6　静态聚类过程举例

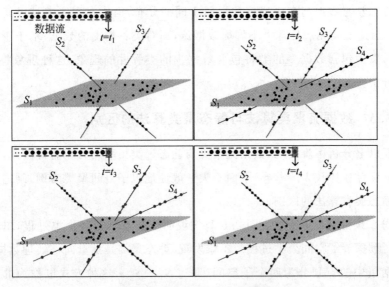

图 2.7　数据流聚类过程举例

2.4　基于数据流聚类的信号在线分选框架

如前所述，雷达辐射源信号在线分选问题本质上是一个进化数据流聚类问题，数据流的进化特性对应辐射源的演化特性，若想解决这一类数据流聚类问题，要求算法需要具备如图 2.8 所示的处理框架。从该框架可以看到，框架可分为两个阶段，即静态学习和动态聚类。数据流相应被分为两个部分，用于静态学习阶段的数据称为支撑点(Supporting Points),而用于动态聚类的数据称为流入点(Streaming Points)。首先选用某种静态聚类方法对支撑点进行处理,所得的静态结果作为初始化结果保存在聚类概要中。此后,整个数据流聚类的过程本质上是对该聚类概要的在线维护过程。具体地,对于流入点而言需要依据某种判决判断其为在群点(Inlier)还是离群点(Outlier)。在群点表示该点可以由当前聚类概要所代表的模式所概括,而离群点则相反。对于在群点,直接将其更新到聚类概要中,而对于离群点要暂存在离群点存储池中。针对辐射源的演化行为,该框架设计了类演化判断部分来实时监测各类(辐射源)的行为,确保及时发现与适应数据流中存在的演化形式。

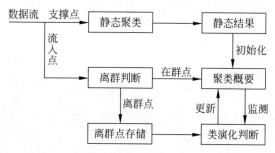

图 2.8　基于数据流聚类的信号在线分选框架

本章小结

了解数据流聚类以及雷达辐射源在线分选问题是在数据流聚类框架下解决雷达辐射源在线分选的前提,本章重点针对数据流聚类以及雷达辐射源在线分选问题进行了研究,给出了基于数据流聚类的雷达辐射源在线分选的统一框架,本章主要内容包括:

① 分别概述了静态聚类思想以及数据流聚类思想,对比总结了二者的区别,为本书对数据流聚类算法的设计提供了方向。

② 从数学角度对基于数据流聚类的雷达辐射源在线分选问题进行了建模,同时针对辐射源的演化特性,定义了最典型的三种演化形式,即辐射源出现、辐射源消失、辐射源复现,为后续研究进行了数学铺垫。

③ 通过对基于数据流聚类的雷达辐射源在线分选问题的分析,从数据流聚类算法设计角度设计了基于数据流聚类的雷达辐射源在线分选处理的统一框架,为后续研究从底层框架进行了设计。

第3章

基于PDW参数的雷达辐射源在线分选

3.1 引言

现实世界中,辐射源是动态且复杂的,比如部分辐射源很可能是在接收机工作一段时间后才开机工作的,同时也有部分辐射源可能是工作一段时间后就会关机,甚至很多辐射源在开机-关机中交替工作以达到某些军事目的。这些动态行为是不容忽视的,然而现有的雷达脉冲分选方法对这些行为束手无策。

本章提出基于 PDW 参数的雷达辐射源在线分选,与现有方法不同的是,本章考虑了更加复杂且现实的场景,即将雷达辐射源的动态行为考虑进去,通过对雷达脉间调制信息的动态聚类处理,不仅能够有效对雷达脉冲进行分选,同时可以对雷达辐射源的动态行为进行监测。

为了解决雷达脉冲的 PDW 流分选问题,本章拟采用 STRAP 算法对其进行处理。STRAP 是一种有效的数据流聚类算法,可以无监督对数据流进行聚类。然而,STRAP 仅能对数据流中类的出现进行检测。本章首先分别定义类的出现、消失、复现三种最典型的类的演化形式,然后对 STRAP 进行改进,提出 Improved STRAP 算法,该算法能够对上述三种演化形式进行检测。Improved STRAP (I-STRAP)算法不仅可以对雷达脉冲 PDW 数据流进行在线分选,而且有效地检测出脉冲 PDW 流中雷达辐射源的动态行为。

本章章节结构安排如下:3.2 节将辐射源分选问题抽象为演化数据流聚类问

题,并建立数学模型。3.3 节提出基于 I-STRAP 的雷达辐射源在线分选算法,重点阐述 I-STRAP 算法概要(3.3.1 节),以及 I-STRAP 算法概要的初始化及动态聚类过程(3.3.2 节)。3.3.3 节重点分析 I-STRAP 算法的演化检测,3.3.4 节分析 I-STRAP 算法的敏感度,3.3.5 节给出 I-STRAP 算法的框架。在 3.4 节对 I-STRAP 算法通过仿真实验进行验证与分析。

3.2　问题分析与建模

在 2.2 节给出的问题模型基础上,本章继续在数据流聚类的背景下对问题进行抽象。假设同一雷达辐射源的脉冲信号的 PDW 属于一类,而不同辐射源的脉冲信号的 PDW 属于不同类,则可将辐射源抽象为聚类领域的类簇,而辐射源的动态行为对应的是类的演化。因此,雷达辐射源在线分选问题转化为具有类演化性质的数据流聚类问题。

假设在 t 时刻,共有 k^t 个类,每个类可以用 $\mathcal{E}$ 表示,那么 k^t 个类可以表示为 $\mathbb{E}^t = \{\mathcal{E}_i^t\}_{i=1}^{k^t}$。假设在 t 时刻,接收机接收到的脉冲信号为 $\pmb{x}^t$,且 $\pmb{x}^t \in \mathbb{R}^{D \times 1}$。我们假设不存在脉冲之间的交叠。在脉冲信号的 PDW 可以直接测量得到的条件下,我们将测量得到的 PDW 数据流表示为 $\mathcal{X} = \{\pmb{x}^t\}_{t=1}^{N} (N \to \infty)$,每个脉冲的 PDW 即 $\pmb{x}^t$ 为一个多维特征向量。

如前所述,类具有演化特性,我们定义如下。

对应辐射源的动态行为,分别定义三种最典型的类演化形式,即类的出现、消失与复现。

- 类出现:是指一个新的类在 t 时刻开始工作。某类 $\mathcal{E}$ 满足 $\mathcal{E} \notin \mathbb{E}^1 \cup \mathbb{E}^2 \cup \cdots \cup \mathbb{E}^{t-1}$ 且 $\mathcal{E} \in \mathbb{E}^t$,我们称该类在 t 时刻出现。

- 类消失:是指之前已经存在的类在最近一段时间不再工作,即若存在一个类 $\mathcal{E}$ 满足 $\mathcal{E} \in \mathbb{E}^{t_0} \cap \mathbb{E}^{t_0+1} \cap \cdots \cap \mathbb{E}^{t-1}$ 且 $\mathcal{E} \notin \mathbb{E}^t$,同时 $1 \leqslant t_0 < t$,则称 $\mathcal{E}$ 消失。

- 类复现:是指一个之前消失的类在 t 时刻再次出现,即若类 $\mathcal{E}$ 满足 $\mathcal{E} \in \mathbb{E}^{t_1} \cap \mathbb{E}^{t_1+1} \cap \cdots \cap \mathbb{E}^{t_2-1}$,$\mathcal{E} \notin \mathbb{E}^{t_2} \cup \mathbb{E}^{t_2+1} \cup \cdots \cup \mathbb{E}^{t-1}$ 和 $\mathcal{E} \in \mathbb{E}^t$,其中 $1 \leqslant t_1 < t_2 < t$,则称类 $\mathcal{E}$ 在 t 时刻复现。

那么,雷达辐射源在线分选问题可以抽象为下述数学问题。

演化数据流聚类问题:在给定脉冲流 $\pmb{x}^t$ 的条件下,实现在任意 t 时刻,确定类 $\mathbb{E}^t = \{\mathcal{E}_i^t\}_{i=1}^{k^t}$ 以及为每个数据 $\pmb{x}^t$ 分配一个对应的类 $\mathcal{E}_i (i \in [1, k^t])$ 时实现对类的

出现、消失、复现的演化形式进行检测。

3.3　基于 I-STRAP 的雷达辐射源在线分选算法

如前所述,雷达脉冲分选问题数学本质是一个具有演化性质的数据流聚类问题。STRAP 算法是一个有效的数据流聚类算法,然而其仅能对数据流中的新类出现进行检测,而对于类的消失和类的复现不具备检测能力。本节我们在 STRAP 的基础上,提出 Impoved STRAP 算法,该算法能够完成雷达脉冲分选任务。

3.3.1　I-STRAP 概要

如前所述,因为数据流是大规模且持续到达的,因此需要一个合理的数据概要来记录数据流主要信息,从而降低数据流的存储以及处理所消耗的不可承受的资源,同时更重要的是数据概要可以实时地将流入的新的点的信息进行更新。因此,在 I-STRAP 算法中我们提出了 I-STRAP 概要。I-STRAP 概要灵活地记录了数据流的实时聚类信息,从而反映了数据流的当下模式,下面用 $\mathbb{E}^t$ 表示 I-STRAP 概要。

考虑到类的演化特性,I-STRAP 在每一时刻会对类的状态进行评估。类的状态共分为两种,即活跃以及非活跃状态。这里,非活跃状态表示相应的类已经无效了,即在近期相当长的一段时间内没有点被分到该类中。非活跃状态的类已经不能反映数据流的当下模式。相反地,活跃状态表示该类不断地有数据点被分到其中。活跃态与非活跃态并不是一成不变的,而是可以相互转换的。为了确保能够准确反映数据流当前的模式,只有活跃态的类才可以被保存到数据流概要 $\mathbb{E}^t$ 中。但非活跃态的类并没有完全被删除,I-STRAP 中还包含一个非活跃类存储池,我们用 $\mathbb{D}^t$ 表示。

假设在 t 时刻,共有 k^t 个活跃类与 h^t 个非活跃类。那么 $\mathbb{E}^t = \{\mathcal{E}_i^t\}_{i=1}^{k^t}$ 和 $\mathbb{D}^t = \{\mathcal{D}_i^t\}_{i=1}^{h^t}$,其中 $\mathcal{E}_i^t$ 和 $\mathcal{D}_i^t$ 分别对应的是活跃与非活跃类的概要信息,在下文中简称为类概要。

具体地,$\mathcal{E}_i = \{e_i^t, n_i^t, \Sigma_i^t, \psi_i, p_i^t, q^t\}$,而 $\mathcal{D}_i = \{\tilde{e}_i^t, \tilde{n}_i^t, \tilde{\Sigma}_i^t, \tilde{\psi}_i, \tilde{p}_i^t, \tilde{q}^t\}$,其中:

- $e_i^t(\tilde{e}_i^t)$ 是第 i 类的代表点;
- $n_i^t(\tilde{n}_i^t)$ 是截至 t 时刻第 i 类中点的个数;

- $\Sigma_i^t(\tilde{\Sigma}_i^t)$ 是 t 时刻，用 e_i^t 代表第 i 类中所有点所产生的失真度，可由所有类内点与代表点 e_i^t 的欧氏距离平方和计算得到；

- $\psi_i^t(\tilde{\psi}_i^t)$ 是截至 t 时刻，最后一个被分到第 i 类点的时间戳；

- $p_i^t(\tilde{p}_i^t)$ 是一个初值为 0 的标量；

- $q^t(\tilde{q}^t)$ 是截至 t 时刻，离群点的数目，需要注意的是，对于所有的活跃类与非活跃类来说，$q^t = \tilde{q}^t$。

3.3.2　I-STRAP 概要初始化及更新

I-STRAP 算法分为两个阶段，即静态学习和在线聚类。静态学习完成对数据流必要的初步理解，在线聚类是在静态学习的基础上对数据流进行动态的聚类，同时随着数据流的流入，通过对数据流的演化检测与调整从而适应数据流的演化。

I-STRAP 的静态学习阶段，主要是利用 AP 方法对 I-STRAP 概要进行初始化，即利用式(2.1)和式(2.2)处理最先到达的 T_0 个点，并将生成的结果作为初始化 I-STARP 概要。需要指出的是，由于 AP 算法可以自动确定聚类数目，因此，不需要指定或估计聚类数目。

而进入在线聚类阶段，对于 $t > T_0$ 到达的 $x^t(t > T_0)$ 点，首先要判断该点是在群点还是离群点。所谓离群点，也称为野值，是指远离当前类的点，反之则为在群点。对于在群点，应该将其分配到其距离最近的类中；而对于离群点来说，没有适合的类将其分配。需要指出的是，当数据流发生演化时，比如新类出现，属于新类的早期流入的点在没有触发模型去聚合新类之前，这些点往往会被当作离群点。所以，离群点并不都是没有意义的点。而恰恰相反，离群点中包含着数据流的重要的演化特性，这些演化特性对于挖掘数据流以及理解数据流十分必要。因此，I-STRAP 没有将离群点直接删除，而是将离群点暂存在离群点存储池中，我们将离群点存储池表示为 $\mathcal{O}^t$。

I-STRAP 首先分别计算 $x^t(t > T_0)$ 与活跃类以及非活跃类的代表点的距离，并取两者最小的值作为 x^t 的距离 s^t：

$$s^t = \min\{r, \tilde{r}\} \tag{3.1}$$

其中，

$$\begin{cases} r = \min d(x^t, e_i^t), & i = 1, \cdots, k^t \\ \tilde{r} = \min d(x^t, \tilde{e}_i^t), & i = 1, \cdots, h^t \end{cases} \tag{3.2}$$

式中,$d()$为距离度量函数,本书选用欧氏距离函数。

对于演化数据流来说,流入点x^t既可能是在群点,也可能是离群点。I-STRAP引入参数θ来进行离群点的判断。当$s^t > \theta$,则称x^t为离群点;反之,称x^t为在群点。离群点会被暂时存在离群点存储池中,同时对于所有活跃类及非活跃类的q^t及$\tilde{q}^t$而言,需要进行更新,即

$$\begin{cases} q^t = q^t + 1 \\ \tilde{q}^t = \tilde{q}^t + 1 \end{cases} \tag{3.3}$$

而对于在群点,其可能与某活跃类或者某非活跃类的距离达到最小,那么I-STRAP对其所对应的类(活跃类或非活跃类)的类概要进行更新,即

$$\begin{cases} n_i^t = n_i^t + 1; & (\tilde{n}_i^t = \tilde{n}_i^t + 1;) \\ \sum_i^t = \sum_i^t + s^t; & (\tilde{\Sigma}_i^t = \tilde{\Sigma}_i^t + s^t;) \\ \psi_i = t; & (\tilde{\psi}_i = t;) \end{cases} \tag{3.4}$$

需要指出的是,对于所有活跃类,$p_i^t = 0$。而对于非活跃类,当其类概要更新时,其对应的$\tilde{p}_i^t = \tilde{p}_i^t + 1$。

3.3.3　I-STRAP 演化检测

数据流是源源不断产生的,其潜在的数据分布极可能发生变化,这种特性通常称为数据流的演化特性,也称为概念漂移。当数据流发生演化时,数据流聚类模型需要做出必要的反应,才能保证数据流聚类结果能及时反映数据流当前的模式。I-STRAP可实现对三种数据流典型的演化形式,即新类出现、旧类消失、类复现进行检测。

新类出现,是指数据流中流入一定量的并不属于当前已发现类的点,并且这些点呈现可聚类的趋势。需要指出的是,在发现新类之前,这些属于新类的点被当作离群点放入离群点存储池$\mathcal{O}^t$中。因此,我们对$\mathcal{O}^t$进行检测,设立触发门限,当达到触发门限,I-STRAP算法将$\mathcal{O}^t$内的点与活跃类代表点进行聚类。I-STRAP对存储池的最大尺寸进行了限制,并定义该尺寸为触发门限,用α表示。在I-STRAP概要中,q^t实时刻画了$\mathcal{O}^t$内点的个数,当$q^t = \alpha$时,则判定新类出现。此时,I-STRAP利用WAP算法对$\mathcal{O}^t$内的点与活跃类代表点进行处理。将$\mathcal{O}^t$内点表示为$\mathcal{O}^t = \{x^{t_i}\}_{i=1}^{\alpha}$。依据2.3.2节,WAP算法相当于对数据集$\mathcal{X} = \{\{(e_i, n_i)\}_{i=1}^{k^t} \bigcup \{(x^{t_i}, 1)\}_{i=1}^{\alpha}\}$进行处理,

由式(2.13)可定义如下的距离：

$$
\begin{cases}
S'(e_i, e_i) = p + \sum_i \\
S'(x^{t_i}, x^{t_i}) = p \\
S'(e_i, x^{t_i}) = -n_i d(e_i, x^{t_i})^2 \\
S'(x^{t_i}, e_i) = -d(e_i, x^{t_i})^2
\end{cases}
\tag{3.5}
$$

将式(3.5)定义的距离代入式(2.14)，求解该优化问题即可挖掘出新类。需要指出的是，I-STRAP通过式(3.5)不仅完成新类的挖掘，还可以实现类的合并。广义上讲，旧类合并也是新类出现的一种，因此本书并没有对这种情况作特别的说明。假设WAP算法将之前的 m 个类，即 $\{(e_i, n_i)\}_{i=1}^{m}$，以及 m' 个离群点，即 $\{(x^{t_i}, 1)\}_{i=1}^{m'}$ 合并成一个新类。新类的代表点表示为 e'，则对于 e' 而言，其附属点个数为

$$
n' = \sum_{i=1}^{m} n_i + m'
\tag{3.6}
$$

下面计算合并之后类的失真度。首先我们计算 e' 与其某附属点 e_i 的失真度。注意除了之前是代表点的点，其余的点并没有记录在 I-STRAP 概要中，因此是不能获取的，通过下述方法估计这些点与新的代表点 e' 的失真度。假设某点 x_*，在 WAP 算法作用前其代表点为 e_i，在 WAP 之后，其代表点为 e'。我们在欧氏空间中，将其建模为 $e_i + Y\boldsymbol{v}$，其中 $\boldsymbol{v}$ 单位球中的随机向量，Y 是服从正态分布的随机变量，则有

$$
\begin{aligned}
\| e' - x_* \|^2 &= \| e' - e_i \|^2 + \| e_i - x_* \|^2 - 2\langle e' - e_i, A\boldsymbol{v} \rangle \\
&= d(e', x_*)^2 + d(e_i, x_*)^2 - 2Y\langle e' - e_i, A\boldsymbol{v} \rangle
\end{aligned}
\tag{3.7}
$$

对式(3.7)求取期望可得

$$
\mathbb{E}[d(e, x_*)^2] = d(e', e_i)^2 + \frac{1}{n_1} \sum_i
\tag{3.8}
$$

相应地，总的失真度为

$$
\sum = \sum_{i=1}^{m} \left(n_i d(e', e_i)^2 + \sum_i \right) + \sum_{i=1}^{m'} d(e', x^{t_i})
\tag{3.9}
$$

旧类消失，是指在当前时刻之前的一段时间内，并没有点被分配到活跃类中，这意味着该活跃类很可能已经不能够再代表当前时刻的模式，如果继续将该类保留，那么会影响用户对数据流当前模式的理解，同时也占用了不必要的存储资源。因为数据流的潜在无限性，这种现象是极易发生的，例如新闻数据流，新闻数据强

烈的时效特性导致大部分新闻话题会逐渐淡出人们的视野。在雷达辐射源分选中,也经常会有一些雷达信号只存在某一段时间,如侦察信号,侦察雷达工作某一段时间便会停止工作。对这些已经过时的信息应尽早进行检测与剔除才能保证模型的准确性。因此,I-STRAP 对每一个活跃类进行实时监测。具体地,对于每一个活跃类 $\mathcal{E}_i$,在任意 t 时刻,I-STRAP 定义了该活跃类的静默间隔,用 Δ_i^t 表示,即

$$\Delta_i^t = t - \psi_i \tag{3.10}$$

活跃类的静默间隔表示在间隔内没有流入点被分到该类中,且静默间隔越长,表示该类消失的可能性就越大。I-STRAP 设置了门限参数 β 作为活跃类转化为非活跃类的门限,即当 $\Delta_i^t \geqslant \beta$, $\mathcal{E}_i$ 将被认为由活跃状态转为非活跃状态,$\mathcal{E}_i$ 将在 I-STRAP 概要中移除,并转存到非活跃类存储池 $\mathbb{D}^t$。

类复现是针对非活跃类而言的,是指非活跃类在消失一段时间后很可能再次活跃起来,这种现象在现实中是广泛存在的。例如社交网络数据流中,一些节假日等周期性很强的话题会呈现很强的周期特性,反复出现。若未对这些复现类进行检测与识别,则会丢失反复特性背后所蕴含的规律,同时还需要反复地消耗大量的计算资源来重新对这些类进行挖掘。因此,I-STRAP 通过设立 $\mathbb{D}^t$ 存储所有非活跃类,并对这些非活跃类进行监测。参数 $\hat{q}^t$ 刻画了非活跃类被访问(访问是指点被分到该类中)的次数。I-STRAP 设立了复现门限 γ,若 $\hat{q}_i^t \geqslant \gamma$,则认为该非活跃类已经达到活跃类的状态,需要将该非活跃类转化为活跃类,从 $\mathbb{D}^t$ 移除,并转存到 I-STRAP 概要中。需要指出的是,类复现只针对非活跃类而言的,活跃状态下的 q_i^t 始终保持为 0,即 $q_i^t \equiv 0$。

3.3.4　算法参数敏感度分析

I-STRAP 算法的主要参数包括 θ、α、β 和 γ。下面重点分析这几个参数对 I-STRAP 的影响:

① 参数 θ 直接控制了离群点与在群点的判决边界,即 θ 越大,直接导致在群点数量变大,而离群点数目变少。反之,则导致 I-STRAP 算法变得"慵懒",大部分点都将直接被更新到 I-STRAP 概要中。同时,通过控制在群/离群点的数目,θ 对 I-STRAP 算法对三种演化形式的检测将产生间接的影响。一般地,参数 θ 越小,离群点会增多,这样会导致更多的活跃类被判断为非活跃类而从 I-STRAP 中删除。同时,离群点的数目不断增加极易导致 I-STRAP 算法不断地进行新类出现的

判断,这样会耗费一定的时间与计算资源。一个推荐的 θ 值是 I-STRAP 概要初始化中,所有点到其代表点的距离的平均值[229]。

② 参数 α 是新类检测触发门限,直接代表 I-STRAP 算法对新类检测的灵敏程度。α 越大,表示 I-STRAP 算法对新类检测越迟缓,这样的好处是 I-STRAP 算法越稳定同时节省了不必要的时间和计算资源的消耗,但弊端就是导致 I-STRAP 不能及时随着数据流的演化做出反应。而 α 越小,表示 I-STRAP 对新类出现的敏感度越高,会及时挖掘 I-STRAP 的新类,但这样也付出了更多的时间以及计算成本。因此,α 直接影响了 I-STRAP 算法的处理时间和稳定性。

③ 参数 β 控制着活跃类对静默间隔的容忍度,β 越小,I-STRAP 对活跃类筛选会更加苛刻。反之,β 越大,会导致更少的非活跃类的产生,容易造成 I-STRAP 概要变得"臃肿"。

④ 参数 γ 实际上是非活跃类转化为活跃类所需要的最小的访问点数,参数 γ 控制着 I-STRAP 算法发现复现类的灵敏度。γ 越小,I-STRAP 算法越容易发现挖掘复现类。

应该指出的是,I-STRAP 实际上可以看作 STRAP[193] 的泛化模型。相较 STRAP,I-STRAP 算法通过引入 β、γ 参数、非活跃类存储池以及演化检测机制,面向更多更复杂的演化数据流,同时也完全涵盖了 STRAP 算法的优点。STRAP 相当于 I-STRAP 算法当 β 和 γ 设置为无穷时的特殊情况。

3.3.5　I-STRAP 算法框架

下面将 I-STRAP 算法总结在图 3.1 中。I-STRAP 算法的核心部分为 I-STRAP 概要,它压缩存储了数据流的概要信息,同时还包括两个存储池,即离群点存储池、非活跃类存储池。I-STRAP 算法共包含两个阶段,即静态学习和在线聚类阶段,共五个主要步骤:

- 第一步,I-STRAP 需要静态学习来进行模型的初始化。具体地,最先到达的 T_0 个点统一由 AP 算法进行静态聚类,选出代表点,最初的聚类结果将作为 I-STRAP 概要的初始化结果。

- 第二步,I-STRAP 进入数据流处理阶段,即每一个流入点 x^t ($t > T_0$) 都根据式(3.1)求取距离 s^t,并判断其为在群点还是离群点。若为在群点,则依据在群点更新规则,即式(3.4)对相应类概要进行更新;若为离群点,则将暂存在离群点存储池 $\mathcal{O}^t$。

- 第三步,I-STRAP 对离群点存储池进行新类出现检测,若满足触发条件,则利用 WAP 算法,参照式(3.5)对进行新类挖掘,从而实现 I-STRAP 概要的更新。
- 第四步,I-STRAP 对所有活跃类求取静默间隔,并进行消失检测,若满足触发条件,则将消失类在 I-STRAP 概要中移除,并转存到非活跃类存储池 $\mathbb{D}'$。
- 第五步,I-STRAP 对所有非活跃类进行复现检测,若满足触发条件,则将相应的非活跃类从 $\mathbb{D}'$ 移除,并转存到 I-STRAP 概要中。

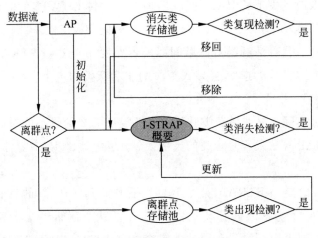

图 3.1 I-STRAP 算法框架

3.4 仿真实验与分析

本节通过多种数据集,包括普通的公测数据流以及实测 PDW 数据流在不同的条件下对 I-STRAP 算法进行了验证,分析了仿真结果,证明所提模型的有效性。同时探讨了算法的参数敏感性。

3.4.1 数据集介绍

- 仿真 PDW 数据:实验仿真生成了两个 PDW 数据流,分别用 PDW1 和 PDW2 表示。PDW1 和 PDW2 是由一系列维度为 3(分别对应载频、到达方向、脉冲宽度)的数据点组成,这些点分布于三维实空间中的 12 个类中,图 3.2 展示了这些点归一化后在特征空间的分布。PDW1、PDW2 分别由 17200 和 22000 个点组成,并且具有不同的演化形式,PDW1 主要是包括新类的出现以及类消失,而 PDW2 主要包括类出现、类消失以及类复现。更具体的演化形式会在下文中阐述。

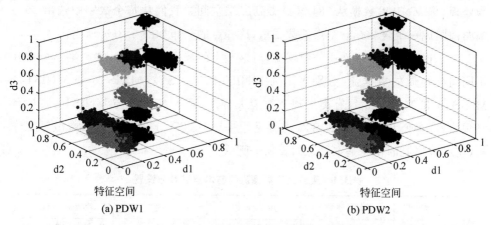

特征空间
(a) PDW1

特征空间
(b) PDW2

图 3.2　PDW1 与 PDW2 数据流在特征空间的分布

- 公共实测数据：实验还选用了 MNIST（Modified NIST）数据[①]验证 I-STRAP 算法的有效性及优越性。MNIST 数据是由 LeCun 等在文献 [230]提供的。MNIST 数据共包括 70000 幅 0～9 的手写数字图像。所有图像均被归一化,且预处理为 28×28 的灰度图像,因此每幅图像可以表示为一个 784 维度的向量。图 3.3(a)展示了部分数字图像样本[231]。

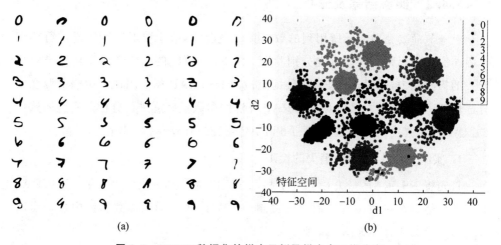

(a)

特征空间
(b)

图 3.3　MNIST 数据集的样本示例及样本点二维分布

---

① MNIST 数据集下载地址：http://yann.lecun.com/exdb/mnist/

目前已经得知,MNIST 图像实际上分布在更低维度的特征空间[203]。因此,我们采用 t-NSE(t-Distributed Stochastic Neighbor Embedding)[232-235] 算法作为预处理,将 MNIST 数据从 784 维投影到二维空间。我们从每个数字中选出 2000 幅图像组成一个含 20000 个点的数据集,这些点的分布如图 3.3(b)所示。

为了构造不同演化性质的数据流,对这些点的顺序做了调整,共产生 4 个具有不同演化性质的数据流,分别表示为 MNIST1、MNIST2、MNIST3 和 MNIST4。MNIST1 和 MNIST3 具有类出现和类消失特性,而 MNIST2 与 MNIST4 还具有复现特性。MNIST3 与 MNIST4 主要是用来对 I-STRAP 算法进行参数敏感度分析,这些数据流的相关基本信息如表 3.1 所示。

表 3.1　实验采用数据流的基本信息参数设置

参　　数	特征参数	点　　数	类	演　　化
PDW1	3	17200	12	出现/消失
PDW2	3	22000	12	出现/消失/复现
MNIST1	784	20000	10	出现/消失
MNIST2	784	20000	10	出现/消失/复现
MNIST3	784	20000	10	出现/消失
MNIST4	784	20000	10	出现/消失/复现

3.4.2　实验结果及分析

上一节简要介绍实验所用到的数据集的概况,本节主要对实验结果进行详细介绍。实验的思路主要是首先分别验证 I-STRAP 算法的有效性以及对各类演化形式的检测能力,同时运用 PDW 数据流检测 I-STRAP 算法用在雷达辐射源在线分选任务中的有效性,最后对 I-STRAP 算法的参数敏感度进行分析。实验还选用 STRAP 算法作为对比算法,验证 I-STRAP 算法的有效性和优越性。

1. 实验一:对类出现/消失的检测

首先将 I-STRAP 算法对 PDW1 和 MNIST1 数据流进行处理,验证 I-STRAP 算法的性能以及对类出现与消失的检测。PDW1 和 MNIST1 数据流中数据点时间分布以及演化特性如图 3.4 所示。

如图 3.4(a)所示,PDW1 数据流按照演化特性可划分为 3 个阶段,分别用 P1、P2、P3 表示。PDW1 数据流的 P1 阶段是初始化阶段,共有 8 个类。在 P2 阶段,分别有 4 个新类出现,此阶段类的数目达到最大至 12 类。

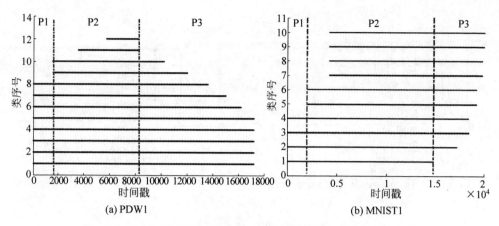

图 3.4　PDW1 数据流和 MNIST1 数据流的时间分布以及演化特性

　　P3 阶段是类消失阶段,共有 7 个类消失,直到仅剩 5 个类。图 3.4(b)展示了 MNIST1 数据流的演化特性。MNIST1 数据流也可以划分为 3 个阶段,也分别用 P1 至 P3 表示。MNIST1 数据流的 P1 阶段是初始化阶段,共有 4 个类。P2 阶段依然是类出现阶段,共有 6 个类出现,直到达到最大数目 10 个类。P3 阶段是类消失阶段,有 8 个类消失。

　　为了公平比较 STRAP 与 I-STRAP 算法,实验将两个算法的共同参数的设置保持一致,同时针对具体的数据流调整不同的参数值,关于处理两个数据流的参数设置如表 3.2 所示,相应的实验结果如图 3.5 所示。

表 3.2　实验参数设置

参　　数	θ	α	β	γ
PDW1	0.1	130	150	10000
MNIST1	12	130	150	10000

　　图 3.5(a)为 I-STRAP 和 STRAP 算法处理 PDW1 数据流的对比图。I-STRAP 算法以及 STRAP 算法在 P1 阶段和 P2 阶段均可以完成数据流聚类任务且对类的出现进行准确的检测,所聚的类数随着类出现而增多,从最开始的 8 类到 12 个类。但在 P3 阶段,STRAP 算法下类的数目保持恒定,始终为 12 类,而 I-STRAP 算法会准确检测类的消失,类数随着类消失而逐渐减少,直至最后的 5 类,这与 PDW1 数据流的变化相当吻合。

　　图 3.5(b)为两种算法对 MNIST1 数据流的处理对比图。如图所示,在 P1 以

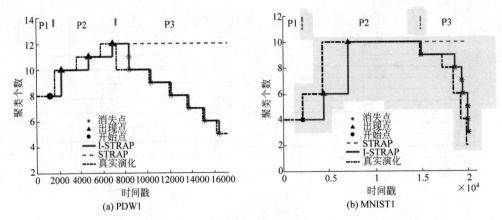

图 3.5　I-STRAP 算法与 STRAP 算法处理 PDW1 数据流和 MNIST1 数据流对比

及 P2 阶段,I-STRAP 算法与 STRAP 算法均有效完成了数据流的分选任务,并准确发现了起始阶段的 4 个类以及随之增长的 6 个类。在 P3 阶段,STRAP 算法无法对类消失进行检测,因此其聚类数目始终保持在 10 类;而 I-STRAP 算法对类消失进行了准确的检测,及时清理了非活跃类,因此,活跃类的数目逐渐减少,直到最终的 3 类。这与 MNIST1 数据流的变化也是吻合的。STRAP 算法缺乏对数据流中类消失的检测机制,因此,无法对类消失进行检测。

2. 实验二:对类出现/消失/复现的检测

本节继续验证 I-STRAP 算法对具有类出现、消失以及复现的 PDW2 和 MNIST2 数据流的处理能力,重点验证 I-STRAP 算法对类复现的检测。PDW2 和 MNIST2 数据流的数据点的时间分布以及演化特性如图 3.6 所示。

如图 3.6(a)所示,PDW2 数据流按照演化特性可划分为 4 个阶段,分别用 P1 至 P4 表示。P1 为数据流的起始阶段,共有 12 个类。在 P2 阶段,首先 1 个类转为非活跃类(即消失),后又复现。在 P3 阶段,2 类消失后复现。在 P4 阶段,共 4 类消失后复现,直到最后 12 个类均保持活跃状态。MNIST2 的演化特性如图 3.6 所示。按照演化特性也可以分为 4 个阶段,分别也用 P1 至 P4 表示。P1 阶段为初始阶段,共有 10 个活跃类。在 P2 阶段,2 个类消失,后又复现。在 P3 阶段,3 个类消失复现。在 P4 阶段,4 个类消失后复现,直到最后恢复至 10 个活跃类。

实验二的参数设置与实验一保持一致。I-STRAP 算法与 STRAP 算法对 PDW2 和 MNIST2 数据流的处理对比如图 3.7 所示。

图 3.7(a)为两种算法对 PDW2 数据流的处理结果对比。如图所示,在 P1 阶

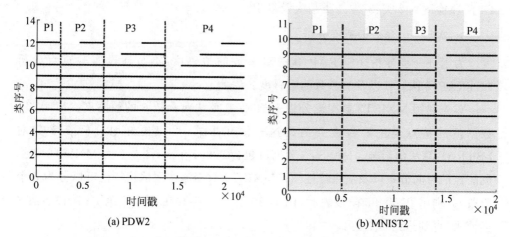

(a) PDW2　　　　　　　　　(b) MNIST2

图3.6　PDW2 数据流和 MNIST2 数据流的时间分布以及演化特性

段,两种算法均准确地聚成了 12 类,在 P2 至 P4 阶段,尽管数据流发生了消失以及演化等形式,但 STRAP 算法的活跃类始终保持在 12 类。而 I-STRAP 算法在 P2、P3、P4 阶段对类消失以及类出现进行了准确的检测,其在 P2、P3、P4 阶段分别检测到了 1 类、2 类、4 类消失及复现,这与数据流真实的演化特性是一致的。

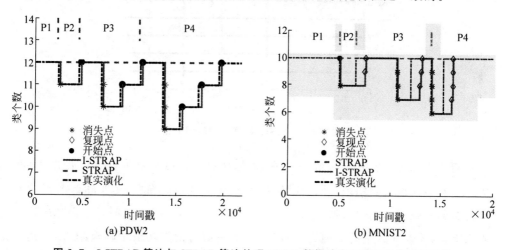

(a) PDW2　　　　　　　　　(b) MNIST2

图3.7　I-STRAP 算法与 STRAP 算法处理 PDW2 数据流和 MNIST2 数据流对比

图 3.7(b)展示了 I-STRAP 算法和 STRAP 算法对 MNIST2 数据流的处理对比。尽管两个算法都能在起始阶段准确地进行初始化,但是 STRAP 在随后的阶段中无法适应类消失以及类复现,因此,其检测到的活跃类始终保持在初始阶段的10 个。而 I-STRAP 算法展现了对演化数据流很好的适应性能,其分别在 P2、P3、

P4 阶段检测到 2 类、3 类、4 类消失及复现。

3. 实验三：参数敏感度分析

为了进一步分析 I-STRAP 算法对参数的敏感度，本节通过实验重点分析 I-STRAP 算法对 β 以及 γ 参数的敏感度。

首先利用 MNIST3 数据流分析 I-STRAP 算法对参数 β 的敏感度。MNIST3 数据流的特点是主要包含类消失这一演化形式，可以更好地分析 β 参数对 I-STRAP 算法的影响。MNIST3 数据流包含 20000 个点，图 3.8 为 MNIST3 数据流的点的时间分布以及演化特性图。MNIST3 数据流按照演化特性可以分为 5 个阶段，分别用 P1 至 P5 阶段表示，P1 段共有 10 个类存在，在 P2 至 P5 阶段各有 1 类消失，直到达到 6 个类。

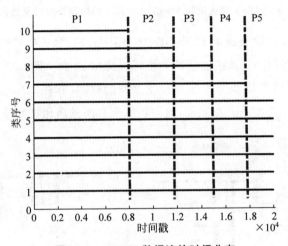

图 3.8　MNIST3 数据流的时间分布

将 I-STRAP 算法的 β 参数分别设置为 1000、3000、6000、9000 展开实验。图 3.9 对应 4 次实验结果。该图纵坐标为复现类检测正确率，是实际检测到的复现次数与数据流总的复现次数的比值。如图所示，当 $\beta = 1000$ 时，I-STRAP 算法对 MNIST3 数据流中的类消失比较敏感，所有的类消失均被正确检测出来，其检测的活跃类数也与真实的数据流的演化相一致。当 $\beta = 3000$ 以及 $\beta = 6000$ 时，I-STRAP 对 MNIST3 数据流中的类消失比较不敏感，对活跃类的静默间隔容忍度比较高，因此分别检测出了 3 个和 2 个非活跃类。而当 $\beta = 9000$ 时，I-STRAP 算法对 MNIST3 数据流的类消失十分不敏感，只检测出了 1 个非活跃类，这是因为 β 参数控制着算法对数据流的活跃类静默间隔容忍度，随着 β 的升高，容忍度也越高,导致很多类消失无法被及时检测出。

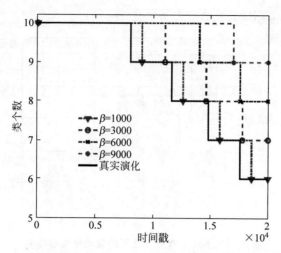

图 3.9　不同参数设置下 I-STRAP 算法对 MNIST3 的处理结果

实验选用 MNIST4 数据流分析 I-STRAP 算法对 γ 参数的敏感度,MNIST4 数据流的主要演化形式是类复现。MNIST4 数据流共包含 20000 个点,MNIST4 数据流点的时间分布以及演化特性如图 3.10 所示。按照演化特性,MNIST4 数据流可分为四个阶段,分别用 P1 至 P4 表示。P1 阶段共有 10 个活跃类;P2 阶段 5 个活跃类消失后,1 个类复现;此后,在 P3、P4 阶段分别有 1 个类先消失随后复现。

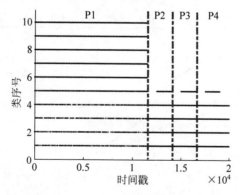

图 3.10　MNIST4 数据流的时间分布

将 I-STRAP 算法的 γ 参数分别设置成 $\gamma=100,200,300,400,500$。I-STRAP 算法检测到的类复现的准确率如图 3.11 所示。当 $\gamma=100$ 时,4 次的类复现均可以检测到。随着 γ 的增加,I-STRAP 算法检测的复现次数也减少,直到 $\gamma=500$,仅有 1 次复现被检测到。这是因为 γ 控制着 I-STRAP 算法对非活跃类转活跃类的灵敏度。γ 越小,I-STRAP 算法对类复现就越灵敏。

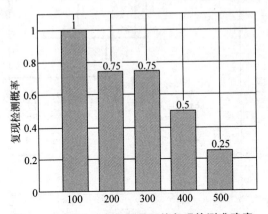

图 3.11 不同 γ 参数设置下的复现检测准确率

由以上分析可知,β 与 γ 越小,I-STRAP 算法对类演化越敏感。然而,当我们考虑算法消耗时间时,这并不意味着两个参数越小越好。图 3.12 对应着不同参数设置下,I-STRAP 算法所消耗的时间。具体地,实验首先将 γ 固定在 50,将 β 由 600 增加 3000,算法消耗时间随着 β 的增加而减少;然后,实验将 β 固定在 600,令 γ 由 50 增加到 350,消耗时间随着 γ 的增加而减少。这是因为,随着 γ 和 β 参数的减小,I-STRAP 算法变得对数据流的演化极其敏感,算法消耗了更多的时间去对

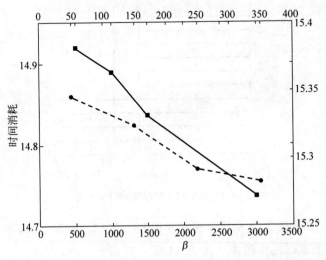

图 3.12 I-STRAP 算法在不同 γ 和 β 参数设置下的时间消耗

相应的演化进行处理与适应。而较大的参数保证了 I-STRAP 算法的稳定性,从而保证 I-STRAP 算法消耗较少的时间。

本章小结

本章在数据流聚类框架下提出一种面向 PDW 参数的雷达辐射源在线分选方法,工作的主要内容包括:

① 在数据流聚类框架下对雷达辐射源在线分选进行分析,构建反映雷达辐射源在线分选的数学模型,对雷达辐射源在线分选问题进行分析与建模。

② 对辐射源演化特性进行细致分析,对三种最典型的辐射源特性进行定义与建模。

③ 提出 I-STRAP 算法,利用 PDW 流完成对雷达辐射源的在线分选。详细介绍 I-STRAP 算法的流程,重点阐述 I-STRAP 算法针对数据流的演化特性检测,同时对 I-STRAP 算法的参数敏感度进行分析。

④ 在仿真实验中,通过仿真 PDW 数据、公共实测数据对算法进行验证与分析。仿真实验表明,I-STRAP 算法能够利用 PDW 数据有效地对雷达辐射源进行在线分选。

第4章

基于脉内信息的雷达辐射源在线分选

4.1 引言

第 3 章介绍在数据流聚类理论框架下解决雷达辐射源在线分选问题的创新思路,将雷达辐射源在线分选抽象成数据流聚类问题,更加贴近雷达辐射源在线分选任务的实际情况。在第 3 章中,主要针对 PDW 信息可获取的情况,将每个脉冲的 PDW 信息视为数据流中的一个数据点,组成一个 PDW 数据流,然后对该数据流进行在线聚类,同时解决雷达辐射源的演化问题。

应该指出的是,当今电磁环境的日益复杂以及雷达调制手段的逐渐丰富都对雷达脉冲分选提出了更高的要求。在每秒高达百万级的脉冲密度下,传统的基于 PDW 信息的雷达脉冲分选将变得十分困难,这主要是两方面原因造成的:一方面是在高密度脉冲环境下完成 PDW 的量测是十分具有挑战性的一项工作;另一方面,PDW 中所包含的信息的单一性已经不足以支撑完成多种多样的雷达脉冲分选任务。

因此,当 PDW 信息难以获取或者本身不具备可分性时,从脉冲信号内部入手进行雷达辐射源在线分选就显得十分必要。本章由 PDW 信息向脉内信息聚焦,拟直接利用脉冲信号实现雷达脉冲信号的在线分选,即将雷达脉冲序列直接视为数据流,对数据流进行在线聚类,将源自同一雷达的脉冲信号聚集在一起。但是,雷达脉冲经采样后通常形成一个高维数据流。由于"维度灾难"[194],高维数据流的点在空间上彼此之间的距离几乎都是相等的,因此传统的基于欧氏空间的数据流聚类算法已很难适用。考虑到谱聚类算法在解决非线性高维可分数据中的巨大潜力,本章提出了 EDSSC 算法在高维空间中实现数据流的在线聚类。同时,该算法还应该具备对数据流中的演化特性进行检测的能力,从而能够更好地适应由雷达辐射源动态特性所造成的具有演化性质的雷达脉冲流。

本章各节内容安排如下:4.2 节首先分析高维数据的研究难点以及对在线子空间聚类问题进行了数学抽象与建模。4.3 节给出 EDSSC 算法模型,并详细介绍 EDSSC 算法的两个重要阶段,即静态学习以及动态聚类。4.4 节对 EDSSC 算法进行仿真实验验证。最后,4.5 节对本章主要工作进行总结。

4.2　问题分析与建模

4.2.1　高维数据的聚类分析

在电磁领域,各式各样的雷达脉冲信号正以每秒近千万级甚至更大的规模涌入接收机,对这样的雷达脉冲信号序列最迫切的处理便是完成信号分选,否则一切后续信号处理工作都无法施展。其实,在当今的信息爆炸时代,各行各业都面临着类似的挑战。这些数据流具有以下主要特点:高维度、无标签、大规模、具有强烈的演化特性。

传统的数据流聚类手段如 CluStream[236]、DenStream[237] 或者新型的 STRAP[193]、EDMStream[238] 和 CEDAS[239] 都不能处理这些数据流,最主要原因有两个:①欧氏距离度量对高维数据几近失效,一般来说,传统的聚类是利用距离来刻画数据之间的相似性的。但是,在高维空间,这种距离度量函数无法对相似度进行有效的衡量。②目前大部分数据流聚类算法没有考虑数据流的演化特性。

在 2.3 节中提到,高维数据通常都分布在一系列的低维子空间上,利用这一特性可以将高维数据依照不同的子空间进行聚类,即子空间聚类。子空间聚类是指找到一个低维子空间结构能够将高维数据聚类到不同的低维子空间中。子空间聚类方法有很多,目前基于表示的子空间聚类算法(RBSC)成为子空间聚类算法的主流。这一类算法主要是利用高维数据的自表示特性(详见定义 2.1)将源自同一子空间的高维数据点聚合到一起。

应该指出的是,相比于目前被重点研究的针对静态数据的子空间聚类而言,对于高维数据流的子空间聚类算法的成果未见诸多报道,这是因为对高维数据流的在线子空间聚类是相当困难的,下面重点分析导致这种困难的原因。

子空间聚类实际上是利用数据点的自表示特性,将任意点通过其余所有点进行表示,建立一个亲密度矩阵,再对该矩阵进行变换分割。可以看到,子空间聚类实际上是尽可能利用全局信息来刻画各点之间的亲疏关系。数据集中包含的点越丰富,就越有可能刻画子空间的完整结构。因此,子空间聚类的潜在要求是希望数据集中点的个数丰富,从而利于得到客观的子空间聚类结果。然而对于数据流聚类这一任务来讲,数据流聚类通过对数据信息进行整合压缩来换取更多的存储资源以及降低计算消耗。因此,数据流聚类潜在要求是尽可能地不保存过多的数据点,只保存关键的聚类信息即可。

基于以上分析,可以看出,对数据流实现子空间聚类实际上必须要平衡两个内在冲突的目标,即保存更多的点来实现子空间聚类以及丢弃更多的点来实现数据流聚类。因此,本章重点平衡上述冲突,实现对于高维数据的在线子空间聚类。

4.2.2　在线子空间聚类问题的数学模型

假设存在雷达脉冲流 $\mathcal{X} = \{x^t\}_{t=1}^N (N \to \infty)$,其中 t 为时间戳,x^t 为 t 时刻接收到的脉冲信号,$x^t \in \mathbb{R}^{D \times 1}$,$D$ 为每个脉冲的采样点的个数。本章假定脉冲不存在交叠且均匀采样。假设不同雷达辐射源的脉冲位于不同的子空间上,而相同的雷达辐射源的脉冲位于同一个子空间上,那么对于 $\mathcal{X}$ 的在线聚类可抽象为在线子空间聚类问题。我们将 t 时刻之前(含 t 时刻)收集到的点按列安排在矩阵 $X^t = [x^1 \cdots x^t]_{D \times t}$ 中。

在线子空间聚类问题:在给定数据流 $\mathcal{X}$ 的条件下,确定一个实时的子空间结构 $\mathbf{S}^t = \{\mathcal{S}_i\}_{i=1}^{k^t}$,$\mathbf{S}^t$ 应对 X^t 中的点进行分组使得同一子空间中的点被分配到同一个类簇中。其中,k^t 为子空间个数。

由 3.2 节分析可知,雷达辐射源具备动态特性,因此,雷达脉冲流也具有演化特性,故将雷达辐射源在线分选抽象为在线子空间聚类问题需要将雷达的辐射源演化特性考虑进去。同时,由于不同雷达辐射源对应不同的子空间,所以将雷达辐射源的演化特性转化为子空间的演化特性,具体给出三种子空间的演化,即子空间出现、子空间消失与子空间重现。

- 子空间出现:是指一个新的子空间在 t 时刻开始工作。某子空间 $\mathcal{S}$ 满足 $\mathcal{S} \notin \mathbf{S}^1 \cup \mathbf{S}^2 \cup \cdots \cup \mathbf{S}^{t-1}$ 且 $\mathcal{S} \in \mathbf{S}^t$,称该子空间在 t 时刻出现。

- 子空间消失:是指之前已经存在的子空间在最近一段时间不再工作,即若存在一个子空间$\mathcal{S}$满足$\mathcal{S} \in \mathbb{S}^{t_0} \cap \mathbb{S}^{t_0+1} \cap \cdots \cap \mathbb{S}^{t-1}$且$\mathcal{S} \notin \mathbb{S}^t$,同时$1 \leqslant t_0 < t$,则称$\mathcal{S}$消失。

- 子空间复现:是指一个之前消失的子空间在t时刻再次出现,即若子空间$\mathcal{S}$满足$\mathcal{S} \in \mathbb{S}^{t_1} \cap \mathbb{S}^{t_1+1} \cap \cdots \cap \mathbb{S}^{t_2-1}$,$\mathcal{S} \notin \mathbb{S}^{t_2} \cup \mathbb{S}^{t_2+1} \cup \cdots \cup \mathbb{S}^{t-1}$和$\mathcal{S} \in \mathbb{S}^t$,其中$1 \leqslant t_1 < t_2 < t$,则称子空间$\mathcal{S}$在$t$时刻复现。

基于以上分析,雷达辐射源在线分选问题已经转化为一个对具有演化性质的数据流进行在线子空间聚类问题。要解决该问题,一个自然的想法是在每一个时刻t不断地对$\boldsymbol{X}^t$进行子空间聚类,即将在线子空间聚类问题转化为随时间不断重复的静态子空间聚类问题。然而,这是不切实际的,因为基于4.2.1节分析可知,这不满足数据流聚类的基本要求,即不可能将所有点都进行存取,而且当点数增多时,静态子空间聚类的计算量是难以承受的。因此,需要一个可以在线增量更新的算法,使得子空间结构可以增量更新,即解决在线子空间聚类问题就是找到增量更新函数,满足下述关系:

$$\mathbb{S}^t = g(\mathbb{S}^{t-1}, \boldsymbol{x}^t) \tag{4.1}$$

其中,$g(\mathbb{S}^{t-1}, \boldsymbol{x}^t)$表示某种增量更新函数能将$\boldsymbol{x}^t$更新到$\mathbb{S}^{t-1}$中。

4.3　基于 EDSSC 的雷达辐射源在线分选算法

尽管自表示特性已成功地应用到对静态数据集的子空间聚类中,但对于数据流进行在线聚类仍然是相当具有挑战性的难题。因为很难平衡数据流子空间聚类任务中包含的两个冲突的内部矛盾:一方面要保存更多的点保证良好的子空间聚类效果,另一方面要丢弃更多的点降低存储与计算消耗。本节提出一种算法解决二者冲突,实现对演化数据流的在线子空间聚类。该算法命名为 EDSSC(Evolutionary Dynamic Sparse Subspace Clustering)算法。

EDSSC 算法包含两个阶段,即静态学习和动态聚类。4.3.1 节与 4.3.2 节中分别对两个阶段进行详细的介绍与分析,4.3.3 节详细分析 EDSSC 算法对子空间演化检测,4.3.4 节给出 EDSSC 算法的流程图,并对 EDSSC 算法的空间复杂度以及时间复杂度进行详细的分析。

4.3.1　基于子空间聚类的静态学习

1. EDSSC 概要

若要满足式(4.1),需要以增量方式对前一时刻聚类结果进行更新。因此,静态学习的首要任务是通过最初的一部分点学习一个最初的子空间结构供后续增量更新。EDSSC 将子空间结构 $\mathbb{S}^t$ 称为 EDSSC 概要，广义上讲，EDSSC 概要是一种子空间聚类结果。

　　EDSSC 利用支撑点作为初始化数据，对 EDSSC 概要进行初始化。与第 3 章的 I-STRAP 算法类似，EDSSC 将子空间分为两种状态，即活跃态以及非活跃态。活跃子空间表示该子空间在最近一段时间内依然有点访问，活跃子空间可以反映当前数据流的子空间结构。而非活跃子空间表示该子空间在相当一段时间内保持静默。非活跃子空间显然已经不足以反映当前数据流的状态。活跃态与非活跃态可以互相转换。为了确保 EDSSC 概要准确反映当前子空间结构以及当前聚类结果，只有活跃子空间可以保存在 EDSSC 概要中。特别地，非活跃子空间被保留在了非活跃子空间存储池中，将该存储池用 $\mathbb{D}$ 表示。在 t 时刻，若假设共有 k^t 个活跃子空间与 h^t 个非活跃子空间。那么 $\mathbb{S}^t = \{\mathcal{S}_i^t\}_{i=1}^{k^t}$ 和 $\mathbb{D}^t = \{\mathcal{D}_i^t\}_{i=1}^{h^t}$，其中 $\mathcal{S}_i^t$ 和 $\mathcal{D}_i^t$ 分别对应的是活跃子空间与非活跃子空间的概要信息，称为子空间概要。

　　活跃子空间概要与非活跃子空间概要是对相应子空间的一种概括。具体地，活跃子空间概要 $\mathcal{S}_i^t = \{n_i^t, \boldsymbol{R}_i^t, \mathcal{T}_i^t, \Omega_i^t\}$，而非活跃子空间概要 $\mathcal{D}_i^t = \{\tilde{n}_i^t, \widetilde{\boldsymbol{R}}_i^t, \widetilde{\mathcal{T}}_i^t, \widetilde{\Omega}_i^t\}$，其中：

- $n_i^t(\tilde{n}_i^t)$ 是截至当前 t 时刻一共分入第 i 个活跃子空间（非活跃子空间）的点的个数；

- $\boldsymbol{R}_i^t(\widetilde{\boldsymbol{R}}_i^t)$ 称为子空间保留矩阵，是截至当前 t 时刻，由第 i 个活跃子空间（非活跃子空间）中一些被选择保留下来的点组成的矩阵；

- $\mathcal{T}_i^t(\widetilde{\mathcal{T}}_i^t)$ 记录了截至 t 时刻所有分入第 i 个活跃子空间（非活跃子空间）的点的时间戳；

- $\Omega_i^t(\widetilde{\Omega}_i^t)$ 记录了截至 t 时刻所有分入第 i 个活跃子空间（非活跃子空间）的点的平均稀疏聚集指数（Average Sparsity Concentration Index, ASCI）（在 4.3.2 节中会详细介绍）。

　　假设支撑点的个数为 T_0，EDSSC 利用 $\boldsymbol{X}^{T_0}$ 对 EDSSC 概要进行初始化，首先 EDSSC 需要对 $\boldsymbol{X}^{T_0}$ 进行静态聚类，即将 $\boldsymbol{X}^{T_0}$ 代入式（2.10）可得

$$\min_{\boldsymbol{Z}, \boldsymbol{E}} \mathrm{rank}(\boldsymbol{C}) + \lambda \| \boldsymbol{E} \|_{\ell} \quad \text{s. t.} \quad \boldsymbol{X}^{T_0} = \boldsymbol{X}^{T_0} \boldsymbol{C} + \boldsymbol{E} \tag{4.2}$$

其中，$\lambda > 0$ 是平衡参数；$\boldsymbol{E}$ 是附加的误差矩阵，并且假设 $\boldsymbol{E}$ 是稀疏的；$\| \cdot \|_{\ell}$ 表

示某种正则化策略。由 2.3.1 节分析可知,上述优化可近似为

$$\min_{\boldsymbol{C},\boldsymbol{E}} \parallel \boldsymbol{C} \parallel_* + \lambda \parallel \boldsymbol{E} \parallel_{2,1} \quad \text{s.t.} \ \boldsymbol{X}^{T_0} = \boldsymbol{X}^{T_0} \boldsymbol{C} + \boldsymbol{E} \tag{4.3}$$

其中,$\parallel \cdot \parallel_*$ 表示核范数。通过式(4.3),可求得最优表示矩阵$(\boldsymbol{C}^{T_0})^*$。

在得到最优表示矩阵$(\boldsymbol{C}^{T_0})^*$之后,可通过下式构造亲密度矩阵$[\boldsymbol{W}]_{ij} = ([\widetilde{\boldsymbol{U}}\widetilde{\boldsymbol{U}}^T]_{ij})^2$,需要注意的是,为了简化表示,我们在式(4.4)和式(4.5)暂时去掉了时间戳。

首先对 $\boldsymbol{C}^*$ 进行分解:

$$\boldsymbol{C}^* = \boldsymbol{U}^* \boldsymbol{S}^* (\boldsymbol{V}^*)^T \tag{4.4}$$

亲密度矩阵$[\boldsymbol{W}]^*$可按照下述方法建立,即

$$[\boldsymbol{W}]_{ij} = ([\widetilde{\boldsymbol{U}}\widetilde{\boldsymbol{U}}^T]_{ij})^2 \tag{4.5}$$

其中,$\widetilde{\boldsymbol{U}} = \boldsymbol{U}^* (\boldsymbol{S}^*)^{\frac{1}{2}}$。

理论上讲,可以通过对矩阵$[\boldsymbol{W}]^*$进行谱聚类得到子空间聚类结果。然而,绝大部分谱聚类方法需要输入子空间数目。对于子空间数目的估计目前是极具挑战的问题之一。

2. 子空间数目估计

事实上,估计数据集的子空间数目至今仍是子空间聚类领域相当困难的问题之一。主要原因是对于子空间(或类)的定义是相当主观的,目前学者仍然致力于对子空间个数的估计[240-242]。目前,主流方法是基于两种理论展开,其一是认为子空间的数量等于表示矩阵 $\boldsymbol{C}$ 中"极其"大的特征值[228];另一种理论认为子空间数目等于由亲密度矩阵 $\boldsymbol{W}$ 构造的拉普拉斯矩阵的"极其"小的特征值[204]。相比于后者,第一种方法对噪声比较敏感,因此我们通过第二种理论对子空间个数进行估计。

首先,针对数据集 $\boldsymbol{X}_{D \times N}$ 的亲密度矩阵 $\boldsymbol{W}$ 进行如下变换,构造正则拉普拉斯矩阵 $\boldsymbol{L}$:

$$\boldsymbol{L} = \boldsymbol{I} - \boldsymbol{D}^{-1/2}\boldsymbol{W}\boldsymbol{D}^{-1/2} \tag{4.6}$$

其中,$\boldsymbol{D} = \mathrm{diag}\left(\sum_{j=1}^{N}[\boldsymbol{W}]_{1j}, \cdots, \sum_{j=1}^{N}[\boldsymbol{W}]_{1j}\right)$,称为度矩阵。由于正则拉普拉斯矩阵 $\boldsymbol{L}$ 是一个对称半正定矩阵,则对 $\boldsymbol{L}$ 进行特征值分解可得到 N 个非负特征值,且 0 为其最小特征值。将特征值按照递增顺序可表示为 $0 = \sigma_1 \leqslant \sigma_2 \leqslant \cdots \leqslant \sigma_N$。根据拉普拉斯谱理论[243],$\boldsymbol{L}$ 矩阵的子部分个数 k 与特征值中 0 的个数相当。然而,现实中几

乎很难得到如此理想的特征值谱。因此,在实际中学者常常将该性质松弛为:L 矩阵的子部分个数 k 与极其接近 0(包含 0)的特征值的个数相当[204],这也是目前主流的方式。但是,应该指出的是,判断特征值是否"极其接近 0"是比较主观的。Liu 等在 LRR 方法中预设了一个门限,将低于门限的特征值的个数作为对 k 的估计,尽管一定程度解决了问题,但是很难给出一个具有泛化性的门限。

基于以上对于特征谱的分析,可以发现,当 L 由几部分组成时,其特征值谱会在 0 附近出现一个"突变"。这里"突变"是指按递增顺序排列的特征值谱在此突变附近的特征值出现十分明显的增大。基于上述发现,提出一个对 k 自适应的估计方法,该方法不需要指定任何参数。对拉普拉斯矩阵的子部分个数估计 $\hat{k}$ 可由下式实现:

$$\hat{k} = \max_i \{|\phi_i|\}_{i=2}^{N-1} - k_0 \tag{4.7}$$

其中,

$$\phi_i = \log_a(\sigma_i^2/\sigma_{i+1}\sigma_{i-1}) \quad (a \text{ 是任意常数且} a > 1) \tag{4.8}$$

且

$$k_0 = \begin{cases} 0, & \sigma_{i-1}\sigma_{i+1} \geqslant \sigma_i^2 \\ 1, & \text{其他} \end{cases} \tag{4.9}$$

式中,$|\cdot|$ 表示绝对值。在式(4.7)中,引入 k_0 的目的是确保 $\hat{k}$ 更加准确,下面对 k_0 作用进行分析阐述。

假设第 i_0 个特征值满足式(4.7)的第一项,即 $|\phi_{i_0}| = \max\{|\phi_i|\}_{i=2}^{N-1}$。这意味着,在第 i_0 个特征值处存在一个明显的"裂口"能将特征值谱分割成两个部分,式(4.7)的第二项 k_0 则对第 i_0 个特征值属于哪一部分进行调节。

为了便于计算,利用 $\log_a$ 函数($a > 1$)对所有特征值谱取对数,考虑到特征值是按照升序排列,因此有 $\log_a \sigma_{i_0-1} \leqslant \log_a \sigma_{i_0} \leqslant \log_a \sigma_{i_0+1}$。"裂口"的定义应该是第 i_0 个特征值处发生了较大的变化,现定义 ϕ_{i_0} 为第 i_0 个特征值与两边紧邻特征值差值的绝对值的差值,即

$$\begin{aligned}
\phi_{i_0} &= |\log_a \sigma_{i_0-1} - \log_a \sigma_{i_0}| - |\log_a \sigma_{i_0+1} - \log_a \sigma_{i_0}| \\
&\Leftrightarrow \log_a \sigma_{i_0} - \log_a \sigma_{i_0-1} - \log_a \sigma_{i_0+1} + \log_a \sigma_{i_0} \\
&\Leftrightarrow 2\log_a \sigma_{i_0} - (\log_a \sigma_{i_0-1} + \log_a \sigma_{i_0+1}) \\
&\Leftrightarrow \log_a(\sigma_{i_0}^2/\sigma_{i_0-1}\sigma_{i_0+1})
\end{aligned} \tag{4.10}$$

那么,若 $\sigma_{i-1}\sigma_{i+1} \geqslant \sigma_i^2$,则 $\phi_{i_0} \leqslant 0$ 则说明第 i_0 个特征值更接近右面的特征值,反之,则更接近左面的特征值,对于接近左面的特征值应该视为接近 0 的,反之,则认为其不接近 0,式(4.7)的第二项 k_0 的作用便是对这两种情况进行调节。

例证 4.1　k_0 的调节作用

为了使阐述更加清晰,下面选用公共实测数据集 Cropped Ex-YaleB[①][244] 进行简单的仿真实验来验证式(4.7)中第二项的调节作用。

Cropped Extend YaleB 数据集是对 Extended YaleB 数据集的图像进行采样而生成的数据集[245],包含对 38 个目标人物拍摄的共 2432 幅前脸图像(每个目标 64 幅图像),每幅图像的尺寸为 192×168。为了进一步节约计算资源,本实验将每幅图像继续采样为 48×42。4.4 节中将给出更详细的数据集介绍。从前 20 个目标中,每个目标随机选取 58 幅组成共 1160 幅图像逐列排放组成数据集 $\boldsymbol{X}_{2016\times1160}$,并按照式(4.3)~式(4.6)求解其拉普拉斯矩阵,并对拉普拉斯矩阵进行特征值分解,得到特征值谱。每一次实验因为 $\boldsymbol{X}_{2016\times1160}$ 是随机的,因此其特征值谱也不尽相同,选取了两种代表性的情况,对式(4.7)中 k_0 的作用进行举例说明,图 4.1(a)和图 4.1(b)分别对应两种情况。需要指出的是,为了方便图示,图 4.1 仅展示了前 30 个特征值,且对特征值取了对数。

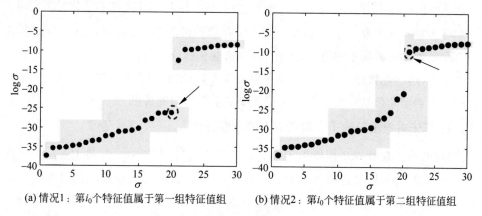

(a) 情况1:第 i_0 个特征值属于第一组特征值组　　(b) 情况2:第 i_0 个特征值属于第二组特征值组

图 4.1　两种情况下的特征值谱分布

因为每一个目标的图像对应一个子空间,因此理论上,拉普拉斯矩阵的特征值谱将会有 20 个极其接近 0 的特征值。图 4.1 中可明显看到第 20 个特征值处,特

---

① Cropped Ex-YaleB 数据集获取网址:http://vision.ucsd.edu/~leekc/ExtYaleDatabase/ExtYaleB.html

征值谱出现了一个"裂口"能够将特征值分成两部分。若只利用式(4.7)的第一项去对特征值谱进行检测,在图 4.1(a)所对应的实验中,会提取出 $i_0=20$,由特征谱可以看到,第 20 个特征值应该属于第一个特征值组。然而,在图 4.1(b)对应的实验中,式(4.7)的第一项会提取出 $i_0=21$,但明显第 21 个特征值是属于第二个特征值组的,不应该计算在内。因此,当 $\sigma_{i-1}\sigma_{i+1}\geqslant\sigma_i^2$ 时,$k_0=0$;反之,$k_0=1$。通过上述方法,我们实现了对数据集的子空间个数的估计。

运用上述方法在对亲密度矩阵 $[\boldsymbol{W}]^*$ 进行子空间数目估计后,继续将 $\hat{k}$ 个特征值对应的特征向量 $\{\boldsymbol{v}_i\}_{i=1}^{\hat{k}}$ 按列排列组成一个大小为 $N\times\hat{k}$ 的矩阵 $\boldsymbol{V}$。将 $\boldsymbol{V}$ 矩阵中每一行作为 $\hat{k}$ 维向量,使用 K-Means 算法对 N 个行向量进行聚类,每一行所属的类别即为对应的原 N 个点的类别。

3. EDSSC 概要的初始化

运用上一节的方法,实现了对支撑点的静态聚类。本节重点阐述 EDSSC 概要的初始化。EDSSC 概要初始化为 $\mathrm{S}^{T_0}=\{\mathcal{S}_i^t\}_{i=1}^{T_0}$,其中 k^{T_0} 已经按照上一节方法估计出来,因此只需要对各个子空间概要 $\mathcal{S}_i$ 进行初始化。

已知 $\mathcal{S}_i^{T_0}=\{n_i^{T_0},\boldsymbol{R}_i^{T_0},\mathcal{T}_i^{T_0},\Omega_i^{T_0}\}$,首先依据上一节方法,分入各个子空间的点的个数是可获取的,即可直接完成 $n_i^{T_0}$ 的初始化。同时,$\mathcal{T}_i^{T_0},\Omega_i^{T_0}$ 在初始化时为空集。

下面重点阐述 $\boldsymbol{R}_i^{T_0}$ 的初始化。受限于存储资源的制约,将所有点都存在各自子空间概要中是极其不明智的,因此,需要选取一部分具有代表性的点保存在子空间概要中,这些点被保存在 $\boldsymbol{R}_i^{T_0}$,并在动态聚类阶段发挥重要作用。事实上,如何选取代表点至今仍是一个还未被完美解决的重要的研究课题。

4. 基于对数函数的子空间代表点的选取方法

目前,有少部分算法被提出用来完成代表点选取,如 DS3[246] 和 ESC[220]。然而,不可忽视的问题是这些算法的计算复杂度比较高,面对大规模数据时存在处理效率低的问题[205]。在 EDSSC 中,采取了随机抽样法对每一个子空间的点进行抽样。考虑到分布到各个子空间的支撑点的规模可能差别比较大,因此,EDSSC 设计了基于对数函数的方法来控制每个子空间中保留的点数。对于任意子空间,假设其有 n_{sup} 个支撑点,且 n_{res} 个点将被保存下来,那么 n_{res} 可由下式确定:

$$n_{\mathrm{res}}=\begin{cases}n_{\mathrm{sup}}, & n_{\mathrm{sup}}<N_0\\ \min\{n_{\mathrm{sup}},\log_{c_0}(a_0(n_{\mathrm{sup}})^{1/n_0}+b_0)\}, & \text{其他}\end{cases} \tag{4.11}$$

其中，N_0，a_0，b_0，c_0 和 n_0 是常数并且可以根据不同任务由用户进行预设。这里给出关于 n_0，N_0 以及 c_0 的推荐设置，$n_0 = 2$，$N_0 = D$，$c_0 = 1.005$。式(4.11)的基本原则是当支撑点的数目即 n_{sup} 少于预设门限 N_0 时，所有的支撑点均会被保留。而当 $n_{\mathrm{sup}} \geqslant N_0$ 时，部分支撑点会被保留，并且式(4.11)中，n_{sup} 越大，$n_{\mathrm{res}}/n_{\mathrm{sup}}$ 越小。

一般地，我们希望当 $n_{\mathrm{sup}} = D$ 时，$n_{\mathrm{res}} = D$，当 $n_{\mathrm{sup}} = 4D$ 时，$n_{\mathrm{res}} = 2D$。这可通过式(4.12)实现。

$$\begin{cases} a = \dfrac{c_0^{2D} - c_0^{D}}{D^{1/2}} \\ b = 2c_0^{D} - c_0^{2D} \end{cases} \tag{4.12}$$

图 4.2 展示了一些典型的 D（$D = 16, 115, 167, 256, 784$）值下，$n_{\mathrm{res}}$ 以及 $n_{\mathrm{res}}/n_{\mathrm{sup}}$ 与 n_{sup} 的关系。需要指出的是，参数设置为 $n_0 = 2$，$N_0 = D$，$c_0 = 1.005$。由图 4.2(a)可以看出，各条曲线均随着 n_{sup} 呈现增长趋势，但是当 n_{sup} 增加到一定程度后，n_{res} 的增速变得越来越缓，这样可对含有大规模支撑点的子空间进行调节，使得少部分点保存在子空间保留矩阵中。图 4.2(b)进一步揭示了 $n_{\mathrm{res}}/n_{\mathrm{sup}}$ 与 n_{sup} 的关系，随着 n_{sup} 不断增大，$n_{\mathrm{res}}/n_{\mathrm{sup}}$ 越来越小，当 n_{sup} 超过一定规模，也仅有一小部分支撑点被保存在子空间保留矩阵中。

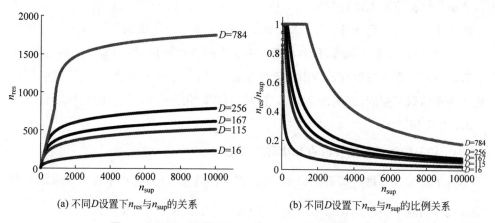

(a) 不同 D 设置下 n_{res} 与 n_{sup} 的关系

(b) 不同 D 设置下 n_{res} 与 n_{sup} 的比例关系

图 4.2 不同 D 设置下，n_{res} 与 n_{sup} 的关系及比例变化

实际上，EDSSC 通过式(4.12)平衡了下述矛盾，即为了子空间聚类准确而保存更多的点与为了数据流效率而放弃更多的点之间的矛盾，而其计算复杂度仅为 $O(\log n_{\mathrm{res}})$。具体地，EDSSC 概要初始化算法如算法 4.1 所示。

算法 4.1 EDSSC 概要初始化算法

输入：数据流 $x^1, \cdots, x^t, \cdots$；支撑点数 T_0；
步骤 1：通过式(4.3)和式(4.4)求取最优表示矩阵；
步骤 2：通过式(4.5)构造亲密度矩阵 W；
步骤 3：通过式(4.6)和式(4.7)估计子空间数目 $\hat{k}$；
步骤 4：通过谱聚类获取聚类结果；
步骤 5：通过式(4.11)确定各个子空间采样数目,对每个子空间的支撑点进行随机采样；
步骤 6：对 EDSSC 进行初始化。
输出：EDSSC 初始化结果。

4.3.2　基于稀疏表示的动态聚类

在必要的静态学习之后,EDSSC 算法对数据流进行了初步的了解,并且已经可以对流入点进行在线处理,即进入动态聚类阶段。对每一个流入点来说,EDSSC 首先要确定其为在群点还是离群点。在群点是指该点从属于 EDSSC 概要中包含的已发现的子空间,反之则为离群点。在群点应当被吸入到相应的子空间内,而离群点应该被 EDSSC 概要所拒绝。目前,离群点检测是数据流聚类领域重要的研究课题之一[247,248]。EDSSC 提出了基于自表示的离群点检测方法,充分利用数据的自表示特性对流入点进行判断。

在 4.3.1 节已经阐述,子空间按照是否能反映当前数据流模式可分为两种状态,即活跃态以及非活跃态,只有活跃态的子空间方可被保存在 EDSSC 概要中,非活跃子空间被保存在存储池 D 中。值得注意的是,随着时间变化,活跃子空间可以转化为非活跃子空间,同时非活跃子空间也可以转化为活跃子空间,具体转化将在 4.3.3 节中阐述。

1. 基于稀疏表示的在群点和离群点检测

为了对流入点进行离群点检测,首先定义矩阵 Z^t,Z^t 由 t 时刻所有活跃子空间以及非活跃子空间的保留矩阵组成,即 $Z^t = [R_1 \cdots R_{k^t} \widetilde{R}_1 \cdots \widetilde{R}_{h^t}]$。

对于一个新的流入点 $x^t(t > T_0)$ 而言,我们首先求取其在矩阵 Z^t 下的稀疏表示系数,即

$$\min \| c^t \|_0 \quad \text{s.t.} \quad x^t = Z^t c^t \tag{4.13}$$

实际上,可以用 $\| \cdot \|_1$ 范数对式(4.13)进行松弛,即

$$\min \| \boldsymbol{c}^t \|_1 \quad \text{s.t.} \quad \boldsymbol{x}^t = \boldsymbol{Z}^t \boldsymbol{c}^t \tag{4.14}$$

通过式(4.14)求得最优解$(\boldsymbol{c}^t)^*$，称其为点$\boldsymbol{x}^t$的稀疏表示向量，简称表示向量。

实际上，因为$\boldsymbol{x}^t$既可能是离群点也可能是在群点，根据自表示特性，我们知道若$\boldsymbol{x}^t$是在群点，则其表示向量将具有块稀疏性质，即表示向量的稀疏表示系数集中在某一个部分(该部分对应其对应子空间的保留矩阵)。然而对于离群点，其表示向量不具有块稀疏性质。不失一般性，通过例证4.2进一步阐述离群点与在群点的表示向量之间的差别。

例证4.2　在群点与离群点的表示向量的区别

本例证通过采用Cropped Ex-YaleB数据集进行仿真实验来阐述在群点与离群点的表示向量的区别。在例证4.1中，已经对该数据集进行简要介绍，其包含38个目标样本，每个样本含有64幅前脸图像，每幅图像尺寸为48×42。为了方便区分，首先将38个目标人物分别标记为Sub1，Sub2，…，Sub38。

本例证中用到前4个目标人物(Sub1至Sub4)。分别从Sub1、Sub2和Sub3的样本集中随机抽取20幅图像，共60幅。并将图像视为一个列向量依次按列组成矩阵$\boldsymbol{Z}_{2016\times60}$。理论上，当再从Sub1、Sub2和Sub3的样本集中剩余图像中任选任何的图像，其应该被视为在群点。因此，从Sub2数据集剩余图像中任选一幅图像作为$\boldsymbol{x}_{\text{in}}$，同时从Sub4数据集中选一幅图像作为$\boldsymbol{x}_{\text{out}}$。通过式(4.14)，求取二者相对应的表示向量，并分别绘制在图4.3中。

如图4.3所示，在群点对应的表示向量的稀疏表示系数呈现强烈的块稀疏性质，即其非零系数集中在某一部分，该部分对应在群点所在的子空间的保留矩阵在$\boldsymbol{Z}$中的位置。而对于离群点而言，其对应的表示向量不具有块稀疏性，即其非零系数比较分散。因此，可以通过这种差异对数据点是否为离群点进行判断。下面提出ASCI指标对表示向量的非零系数的集中程度进行了量化，相比较目前常用的SCI指标，ASCI具有更强的稳定性，在类不均衡条件下依然具有良好的效果，在下一小节将对ASCI重点分析。

2. ASCI指标

目前，绝大部分相关算法均采用SCI指标来量化表示向量的稀疏集中度[249]。然而，SCI指标存在一个严重的缺点，即其只有在表示向量的各个子部分的大小比较均衡的情况下才有效，这种假设在现实中往往难以满足。因此，本小节提出

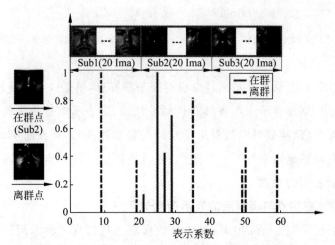

图 4.3 在群点与离群点的表示向量的非零系数对比

ASCI 指标,对表示向量中非零系数集中到某一子部分的程度进行量化。

定义 4.1 (Average Sparsity Concentration Index(ASCI)指标):对于一个 n 维向量 $c \in \mathbb{R}^n$,其 ASCI 指标定义为

$$\mathrm{ASCI}(c) \triangleq \frac{k \cdot \max\limits_{j^*}\left(\dfrac{\|\delta_j(c)\|_1/\zeta_j}{\sum\limits_{i=1}^{k}\|\delta_i(c)\|_1/\zeta_i}\right) - 1}{k - 1} \in [0,1] \quad (4.15)$$

其中 k 是向量 c 内部的子部分的个数;$\delta_j(\cdot):\mathbb{R}^n \to \mathbb{R}^n$,其作用是选出第 j 个($j \in [1,k]$)子部分的系数,并将 c 中其余子部分对应的系数设置为 0;ζ_j 是 c 中第 j 个子部分的长度。通常 $\mathrm{ASCI}(c) \in [0,1]$ 并且 $\mathrm{ASCI}(c)$ 越高意味着向量 c 的非零系数集中在某一个子部分的程度越大。

命题 4.1 ASCI 指标是 SCI 指标的推广,SCI 指标是 ASCI 指标在理想情况下的一种特例,即当向量 c 的各个子部分长度相等时,ASCI 指标等同于 SCI 指标。

证明 假设表示向量 c 的长度为 q,且包含 k 个串联但不相交的子部分,这些子部分可表示为 $\{c_i\}_{i=1}^{k}$(即对于 $\forall i,j \in [1,k]$,$c_i \cap c_j = \varnothing$ 且 $c_1 \cup c_2 \cup \cdots \cup c_k = c$),并且子部分 c_i 的长度可表示为 ζ_i。当所有的子部分长度均等时,则对于 $\forall i \in \{1,\cdots,k\}$ 有 $\zeta_i = q/k$,在此条件下,式(4.15)可以继续推导为

$$\mathrm{ASCI}(c) = \frac{k \cdot \max\limits_{j^*}\left(\dfrac{(k/q) \cdot \|\delta_j(c)\|_1}{(k/q) \cdot \sum\limits_{i=1}^{k}\|\delta_i(c)\|_1}\right) - 1}{k - 1}$$

$$= \frac{k \cdot \max_{j^*} (\| \delta_j(\boldsymbol{c}) \|_1 / \| \boldsymbol{c} \|_1) - 1}{k - 1}$$

因此,SCI 指标可以看作 ASCI 指标的一种特例。对于各个子部分不均等时,ASCI 指标比 SCI 指标更具有泛化性,因为 ASCI 指标将各个子部分的长度考虑在内,求取的实际上是非零系数在各个子部分集中的"密度"而非"总和"。通过这种方式计算的 ASCI 值比 SCI 值更具客观性,特别是当各个子部分长度严重不平衡时,如例证 4.3。

例证 4.3　ASCI 与 SCI 对比

为了便于分析,假设式(4.14)中矩阵 $\boldsymbol{Z}$ 只含有两个子部分,分别表示为 $\boldsymbol{Z}_1$ 和 $\boldsymbol{Z}_2$,且二者列数严重不平衡,不失一般性假设 $\boldsymbol{Z}_1$ 的列数明显多于 $\boldsymbol{Z}_2$,并将 $\boldsymbol{Z}_1$ 和 $\boldsymbol{Z}_2$ 所对应的目标分别称为过表示目标以及欠表示目标。

从例证 4.2 应用到的 Cropped Extended YaleB 数据集的 Sub1 和 Sub2 目标中分别选取 60 幅与 6 幅图像组成 $\boldsymbol{Z}_{2016 \times 66}$。同时,从 Sub2 数据集剩余图像中任意选取一幅图像,用 $\boldsymbol{x}_{\text{test}}$ 表示。通过式(4.14)计算求取对应的表示向量,并将其表示系数展示在图 4.4 中。

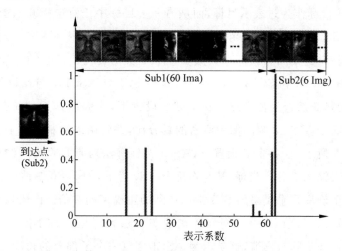

图 4.4　当矩阵 $\boldsymbol{Z}$ 不平衡时,SCI 与 ASCI 指标的对比

有趣的是,如图 4.4 所示,其非零系数并没有完美地集中在子部分 $\boldsymbol{Z}_2$。出现这种现象最主要的原因在于当 $\boldsymbol{Z}$ 内部各子部分严重不平衡时,表示向量中的非零系数更容易对应过表示的目标,也就是说过表示目标容易将欠表示目标的点吞并。事实上,同一现象最近也被 You Chong[220] 发现。You Chong 指出这种不平衡现象在实际中是普遍存在的。其本质原因在于稀疏表示中,若各点对应稀疏表示词典的维度不同,容易造成来自小维度的词典的点在稀疏表示时不被相对应词典所表示,反而被维度较大的非对应词典中的点所稀疏表示。其实,这种现象目前是广泛存在的,并且对机器学习的各个领域造成了不可忽视的困扰。近年来,在机器学习分类[250-255]、聚类[256-261]等领域均对该问题进行了广泛的研究,同时新兴的研究方向如不均衡学习(Imbalanced Learning)[262-267]、小样本学习[268-272]、零样本学习[273-275]等也与此现象密切相关,感兴趣的读者可参考上述文献及其参考文献。在这里,本书不再过多展开,但应该指出的是,该现象不容忽视,是一个值得研究的问题。

表示向量的 SCI 指标经计算为 $SCI(c_{test}^*) = 0.1002$,而其 ASCI 指标为 $ASCI(c_{test}^*) = 0.9021$。在 SCI 指标下,这意味着 x_{test} 极可能是离群点,而在 ASCI 指标下,则意味着 x_{test} 极可能是在群点。显然,ASCI 更具客观性。

为了进一步证明 ASCI 比 SCI 在处理类不平衡情况的优越性,下面进行了更具说服力的实验。从 Cropped Extended YaleB 数据集的所有 38 个目标中遍历选取所有可能的目标对,按照例证 4.3 中阐述的实验设置方法,从一个目标任意选择60 幅图像,该目标作为过表示目标,而从另一个目标中任意选择 6 幅图像,该目标作为欠表示目标,将两个目标剩余的图像(共 58 幅)作为测试图像,其余设置与例证 4.3 的实验设置相同。我们一共做了 40774 次仿真实验(38×37×58),并分别求取了相应的 ASCI 和 SCI 指标。注意,这些 SCI 与 ASCI 将与预设门限 τ 做比较,然后才能判断是否为在群点。在不同 τ 设置下,我们计算了正确识别率,即判断为在群点的个数在 58 幅图像中所占的百分比,并将结果绘制在图 4.5 中。

如图 4.5 所示,在各个 τ 设置下,ASCI 指标算法对点是否为离群点的判断的正确率均要大幅优于 SCI 指标,甚至在部分 τ 设置下,如 $\tau = 0.7$ 前后,采用 ASCI 指标达到的正确率几乎是采用 SCI 指标达到的正确率的 2 倍。该仿真实验证明了 ASCI 的优越性。目前,类不平衡问题在现实中随处可见,ASCI 指标比 SCI 指标更适合处理这些实际数据流,这是因为 ASCI 将每一个子部分的长度计算在内,从而对于欠表示目标这种不平衡现象造成的影响将会大幅避免甚至消除。

为了表示简洁,此后在本章用 $\omega(c)$ 来表示 $ASCI(c)$。通过式(4.15)计算 $\omega(c)$ 后,EDSSC 算法将 $\omega(c)$ 与预设门限 $\tau \in [0,1]$ 做比较,且判定 x^t 是在群点,若满足下面条件:

$$\omega(c^{*t}) \geqslant \tau \qquad (4.16)$$

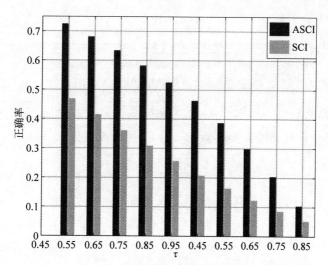

图 4.5 不同 τ 设置下,利用 ASCI 与 SCI 指标进行在群点与离群点判断的正确率对比

否则,x^t 被认为是离群点。

离群点意味着偏离当前模式的点,但这不意味着这些点毫无价值,恰恰相反,这些点蕴含着重要的信息,比如当数据流的分布开始发生变化时,一些属于新子空间的点开始流入,那么此时因为 EDSSC 概要中尚未发掘这些子空间,因此,这些点就会被认为是离群点。

因此,EDSSC 算法并没有直接删除离群点,而是将离群点暂时存储在离群点存储池 $\mathbb{O}^t$ 中。具体地,$\mathbb{O}^t = \{\mathcal{O}^i\}_{i=1}^{n_o^t}$ 且 $\mathcal{O}^i = \{x^i, \omega^i, t_i\}$,其中 n_o^t 是 t 时刻离群点的个数。也就是说,离群点的流入时刻,其 ASCI 指标以及点自身被保存在离群点存储池中。

然而,对于在群点而言,需要将它分配到对应的子空间内。由于在群点既可能属于活跃子空间也有可能属于非活跃子空间,已知在 t 时刻存在 k^t 个活跃子空间以及 h^t 个非活跃子空间,这些子空间对应的保存矩阵组成了 Z^t,则寻找在群点的子空间相当于解决下面优化问题:

$$\min_{j^*} r_j(x^t) \triangleq \| x^t - Z^t \delta_j(c^{*t}) \|_2 \tag{4.17}$$

其中,$r_j(\cdot)$ 是将 x^t 分配到第 j 个子空间所带来的残差。该优化问题意味着将 x^t 分配到残差最小的子空间内。式(4.17)的最优解用 j^* 对应着矩阵 Z^t 的第 j^* 个子部分。若 $j^* \leqslant k^t$,则说明 x^t 属于活跃子空间,则相应的子空间概要 $\mathcal{S}_{j^*}$ 需要进行更新,更新规则如下:

$$n_{j^*}^{t+1} = n_{j^*}^t + 1$$

$$\mathcal{T}_{j^*}^{t+1} = \mathcal{T}_{j^*}^t \bigcup t$$

$$\Omega_{j^*}^{t+1} = \Omega_{j^*}^t \bigcup \omega(\boldsymbol{x}^t)$$

类似地,若 $j^* > k^t$,则说明 $\boldsymbol{x}^t$ 属于非活跃子空间,则相应的第 $j^* - k^t$ 个非活跃子空间的子空间概要需要更新 $\mathcal{D}_{j^*-k^t}$,其更新规则为

$$\tilde{n}_{j^*-k^t}^{t+1} = \tilde{n}_{j^*-k^t}^t + 1$$

$$\widetilde{\mathcal{T}}_{j^*-k^t}^{t+1} = \widetilde{\mathcal{T}}_{j^*-k^t}^t \bigcup t$$

$$\Omega_{j^*-k^t}^{t+1} = \widetilde{\Omega}_{j^*-k^t}^t \bigcup \omega(\boldsymbol{x}^t)$$

4.3.3　子空间演化的在线检测

现实世界中,绝大部分数据流都具有非稳定特性,即具有概念漂移(Concept Drift)现象[276-278]。概念漂移的本质是由于数据流因动态性和实时性所导致的数据分布难以保持独立同分布,因此是数据流处理领域一个重点关注的问题。

概念漂移导致数据流潜在的子空间结构会随时间发生变化,即引起子空间的演化。依据概念漂移的速度,子空间演化可以进一步分为急速演化(Abrupt Evolution)、逐渐演化(Gradual Evolution)、重复演化(Reoccurring Evolution)等(图 4.6)。急速演化指在短时间内,数据的分布发生了变化;而逐渐演化则是指在相当一段时间内,概念慢慢发生了改变,例如几十年来,随着时代的发展,我国青少年喜爱的文体活动正逐渐改变,电竞游戏、网络、电影动漫等正取代传统的丢沙包、踢毽子等活动;而重复演化是指一些概念在一段时间内消失但随后又逐渐恢复,例如 COVID-2019 新冠疫情影响下,口罩等医疗用品的销售量短时间内激增,然而在全世界抗击新冠疫情的共同努力下,口罩等医疗用品的销售量很可能在未来恢复至疫情前水平。

具体地,EDSSC 考虑三种演化形式,即子空间出现、子空间消失与子空间复现。应该指出的是,在子空间出现中,EDSSC 重点关注的是急速演化,因为相较逐渐演化而言,急速演化更普遍而且更容易在非监督任务下被检测[279]。因此,除特别强调外,本章的子空间出现演化主要是指急速演化。本节设计了一种在线子空间演化检测策略确保三种演化形式被成功检测。

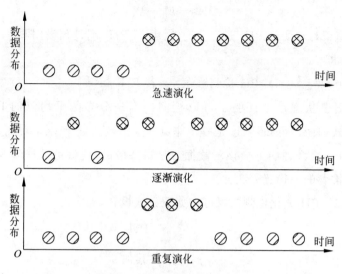

图 4.6 几种主要的概念漂移

1. 基于 PH 检测的子空间出现与复现检测

考虑到高维数据流聚类本质是一个无监督的任务,EDSSC 算法采用经典的统计假设检验方法 Page-Hinkley(PH)[280,281] 来检测概念漂移。首先,对 PH 检测进行简要的介绍。

1) 对 Page-Hinkley 检测的分析

PH 检测是一个标量变化点检测(Change Point Detection,CPD)方法[193]。与其他概念漂移检测方法比较而言,如基于 PCA 的方法[282],PH 检测并未选择直接对数据流 $\boldsymbol{X}^t$ 检测,从而大幅降低了计算成本,提高了响应速度。

假设待观测的变量为 p,在每一个时间戳 t,可求得 p 的经验平均值为

$$\bar{p}^t = \frac{1}{t} \sum_{i=1}^{t} p^i \tag{4.18}$$

以及变量 p^t 与 $\bar{p}^t$ 在 $[1,t]$ 时间段的差值的和,即

$$\gamma^t = \sum_{i=1}^{t} (p^i - \bar{p}^i + \delta) \tag{4.19}$$

δ 是一个引入控制并且大于 0 的常量,推荐取值 $\delta = 10^{-2}$。Γ^t 记录了 γ 截至 t 时刻的历史最大值,即

$$\Gamma^t = \max\{\gamma^1, \cdots, \gamma^t\} \tag{4.20}$$

在每一个时刻,计算 Γ^t 与 γ^t 之间的差值,用 PH^t 表示,则

$$PH^t = \Gamma^t - \gamma^t \qquad (4.21)$$

PH 检测正是对变量 PH^t 进行实时监测,当 PH^t 超过预设门限 η,则认为 PH 检测被触发,即

$$PH \text{ 检测触发,} \quad \text{若 } PH^t > \eta \qquad (4.22)$$

PH 检测已从理论上证明了可以检测出高斯分布的平均值的下降[193],由式(4.18)～式(4.21)可知,PH^t 是一个非负变量。显然,η 控制了对变化检测的敏感程度,并且一个合理的 η 应该对数据流是自适应的,应该由数据流本身而确定,下面是一个推荐的 η 设置方法:

命题 4.2 PH 变化检测门限可按如下方式设置,即

$$\eta_{t_0} = \begin{cases} 0, & PH^t = 0 \\ f^* \bar{p}^t, & \text{其他} \end{cases} \qquad (4.23)$$

或者

$$\eta_{t_0} = \begin{cases} 0, & PH^t = 0 \\ f^* \bar{p}^{t_0}, & \text{其他} \end{cases} \qquad (4.24)$$

其中,f 是一个常数,推荐取 $f = 30$。t_0 是首次 $PH^t \neq 0$ 时的时间戳。

证明 4.2 (命题 4.2 的证明):假设 $PH^t, PH^{t-1} \neq 0$,则 PH^{t-1} 与 PH^t 的差值为

$$PH^t - PH^{t-1} = (\Gamma^t - \gamma^t) - (\Gamma^{t-1} - \gamma^{t-1}) \qquad (4.25)$$

因为 $PH^t, PH^{t-1} > 0$,则有 $\Gamma^t = \Gamma^{t-1}$,则

$$\begin{aligned} PH^t - PH^{t-1} &= \gamma^{t-1} - \gamma^t \\ &= \gamma^{t-1} - (\gamma^{t-1} + p^t - \bar{p}^t + \delta) \qquad (4.26) \\ &= \bar{p}^t - p^t - \delta \end{aligned}$$

因为 $PH^t > 0 (p^{t_0} > \bar{p}^{t_0} + \delta)$,则对于 $t \geq t_0$,有

$$PH^t = \sum_{i=t_0}^{t} (p^t - \bar{p}^t - \delta) \qquad (4.27)$$

通过上式可知,PH^t 是 p^t 与 p^{t_0} 偏差的累积。当 p^{t_0} 持续下降时,PH^t 会持续增加。而为了避免检测模型过于敏感,引入 f 对 PH^t 保持增长的时长进行控制。因此,首选的 η 设置方法为

$$\eta_t = f^* \bar{p}^t \qquad (4.28)$$

然而,这种设置方式需要频繁地对 η_t 进行实时计算,因此,为了节约计算成

本,可直接设置一个固定的 η_{t_0},即

$$\eta_{t_0} = f^* \bar{p}^{t_0} \tag{4.29}$$

2) PH 检测中 p^t 的设置

由上述分析可知,PH 检测的关键是需要构造 p^t,本小节重点分析对 p^t 的构造。

当子空间出现时,其最先到达的点会被当作离群点而暂存在离群点存储池中,并且这些点的数目会远远超过噪声点的数量,因此一个合理的判断就是当离群点存储池中短时间内出现了大量离群点,这意味着有新的子空间出现等待挖掘。因此,定义一个变量 p^t:

$$p^t = \sqrt{\frac{1}{n_o^t} \sum_{i=1}^{n_o^t} (1 + \log(t_i - t_{i-1})) \left(\omega_{t_i} - \frac{1}{n_o^t} \sum_{k=1}^{n_o^t} \omega_{t_k} \right)^2} \tag{4.30}$$

其中,n_o^t 是离群点存储池中的离群点个数。p^t 定量监测在离群点存储池中是否在短时间内出现大量的离群点。当短时间内存在大量离群点涌入离群点存储池时,p^t 会出现一个下降的趋势,并且这种变化能够被 PH 检测所捕捉。

需要指出的是,当 PH 判定子空间出现时,意味着需要对离群点集进行子空间聚类,挖掘出新出现的子空间,即利用式(4.3)对离群点存储池中的点集进行处理,并最终通过式(4.4)和式(4.5)以及谱分割得到新出现的子空间结果,表示为 $\mathbb{S}_*$。$\mathbb{S}_*$ 需要更新到 EDSSC 概要中,即

$$\mathbb{S}^t \leftarrow \mathbb{S}^t \cup \mathbb{S}_* \tag{4.31}$$

子空间复现是指非活跃子空间再次被大量当前数据点访问而呈现出活跃状态趋势的现象。事实上,从这个意义讲子空间复现与子空间出现有着共同的演化特征。也就是说,子空间复现实际上等同于第二次甚至更高次的子空间出现。因此,对于每一个非活跃子空间 $\mathcal{D}_m^t$ 而言,定义一个变量 $\dot{p}_m^t$,即

$$\dot{p}_m^t = \sqrt{\frac{1}{\tilde{n}_m^t} \sum_{i=1}^{\tilde{n}_m^t} (1 + \log(t_i - t_{i-1}))} \tag{4.32}$$

非活跃子空间 $\mathcal{D}_m^t$ 中的 $\widetilde{\mathcal{T}}_m^t$ 记录了该非活跃子空间的访问点的时间戳。当短时间内有大量的点访问非活跃子空间时,意味着该非活跃子空间已经开始变得活跃,当检测到有子空间复现时,则需将该子空间概要中的 $\widetilde{\mathcal{T}}_m^t$ 以及 $\widetilde{\Omega}_m^t$ 清空,然后将该非活跃子空间更新到 EDSSC 概要中,即

$$\begin{cases} \mathbb{S}^t \leftarrow \mathbb{S}^t \cup \{\mathcal{D}_m^t\} \\ \mathbb{D}^t \leftarrow \mathbb{D}^t \setminus \{\mathcal{D}_m^t\} \end{cases} \tag{4.33}$$

2. 基于衰减函数的子空间消失检测

子空间消失意味着子空间已经在相当一段时间内没有被流入点访问,即由活跃态转化为非活跃态。这些子空间需要被检测到,从而将其从 EDSSC 概要中移出,以确保 EDSSC 概要对数据流当前模式最准确的表达。

EDSSC 对所有活跃子空间的被访问的时间进行监测,并计算子空间最近一次被访问的时间与当前时间的时间间隔,将这段时间间隔称为静默间隔,EDSSC 为每个活跃子空间定义了变量 $\ddot{p}_l^t$,即

$$\ddot{p}_l^t = 1 - \frac{1}{1 + \mathrm{e}^{-(t - \max\{T_l^t\} - \beta)}}$$

(4.34)

其中,$\max\{T_l^t\}$ 是 l 子空间最后一次被流入点访问的时间。由式(4.34)可以看出,β 参数被引入用来控制 EDSSC 算法对活跃子空间的静默间隔的容忍度。β 参数越大,表示 EDSSC 对活跃子空间的静默间隔容忍度越大。

式(4.34)表示的函数其实是 Sigmoid 函数的变形,为了便于读者理解,下面简单介绍 Sigmoid 函数定义及性质。

定义 4.2 (Sigmoid 函数):又称 Logistic 函数,对 $\forall x \in \mathbb{R}$,其函数形式为

$$S(x) = \frac{1}{1 + \mathrm{e}^{-x}}$$

(4.35)

Sigmoid 函数图像如图 4.7 所示,Sigmoid 函数是一个 S 形曲线。由于其单增以及反函数单增等性质,Sigmoid 函数常被用作神经网络的阈值函数,将变量映射到 0~1 之间。

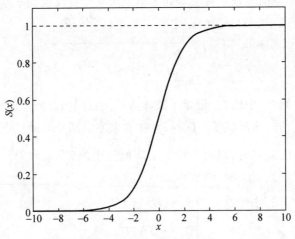

图 4.7　Sigmoid 函数图像

由式(4.34)可以看出,当 $t < \max\{\mathcal{T}_l\} + \beta$ 时,$\ddot{p}_l^t$ 参数保持在无限接近 1 的水平,而在 $t = \max\{\mathcal{T}_l\} + \beta$ 处会开始急剧衰减,很快会由 1 衰减至无限接近 0。

图 4.8 是参数 $\ddot{p}_l^t$ 随时间衰减的示意图,可以看到这种函数的暂态很短,大部分保持在 1 附近与 0 附近两种状态,这种函数对于 EDSSC 判断子空间为活跃子空间还是非活跃子空间有很大的帮助。EDSSC 对所有活跃子空间的 $\ddot{p}_l^t$ 进行监测,并以 0.5 为门限,当 $\ddot{p}_l^t \geqslant 0.5$ 时,则认定子空间依然保持活跃状态,反之,则判定该子空间已由活跃态转为非活跃态。当判定 l 子空间为非活跃态时,清空其相应的 $\mathcal{T}_m^t$ 以及 Ω_m^t,将其从 EDSSC 中移出,暂存在非活跃子空间存储池中,即

$$\begin{cases} \mathbb{D}^t \leftarrow \mathbb{D}^t \cup \{\mathcal{D}_l^t\} \\ \mathbb{S}^t \leftarrow \mathbb{S}^t \setminus \{\mathcal{S}_l^t\} \end{cases} \tag{4.36}$$

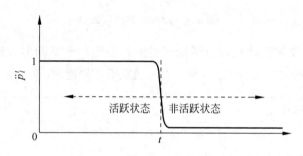

图 4.8 $\ddot{p}_l^t$ 随时间变化示意

4.3.4 算法流程与复杂度分析

1. 算法流程

现将 EDSSC 算法的流程总结在算法 4.2 内,同时,将 EDSSC 算法的框架总结在图 4.9 中。EDSSC 包括四个主要步骤:

① EDSSC 最先进入静态学习阶段实现 EDSSC 概要的初始化。最先到达的点作为支撑点用于 EDSSC 概要初始化(见 4.3.1 节)。

② EDSSC 进入动态阶段,对于每一个流入点,通过式(4.14)和式(4.15)计算 ASCI 值。然后,依据式(4.16)对流入点 x^t 判定为离群点还是在群点。若判定为在群点,则通过式(4.17)将 x^t 分入相应子空间,同时更新相应子空间概要 $\mathbb{S}$ 或者 $\mathbb{D}$。若判定为离群点,则更新 $\mathbb{O}$(见 4.3.2 节)。

③ 利用 PH 检测检验非活跃子空间存储池 $\mathbb{D}^t$ 内是否有子空间复现以及离群

点存储池O^t内是否有子空间出现(见4.3.3节)。

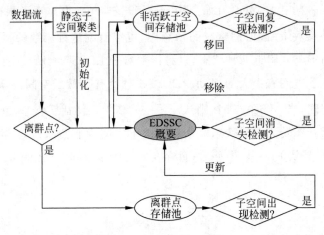

图 4.9 EDSSC算法框架

④ EDSSC概要S^t中的所有活跃子空间都会进行子空间消失检测,非活跃子空间将被从EDSSC概要中移除,暂存在非活跃类存储池中(见4.3.3节)。

算法 4.2 EDSSC算法

输入: 数据流$x^1,\cdots,x^t,\cdots$;支撑点数T_0;门限β,τ,f;$S\leftarrow\varnothing,D\leftarrow\varnothing,O\leftarrow\varnothing$;

步骤1:通过算法4.1对EDSSC概要初始化,得到S^{T_0}。

步骤2:对每一个流入点$x^t(t>T_0)$通过式(4.14)和式(4.15)计算其ASCI值,即得到$\omega(c^{*t})$。

步骤3:通过式(4.16)判定流入点x^t是否为离群点。若判定为在群点,则通过计算式(4.17)将x^t分入相应子空间,同时更新相应子空间概要S或者D。若判定为离群点,则更新O。

步骤4:进行子空间演化检测:计算$\dot{p}_m^t$,p^t并通过PH检测[式4.21]分别对子空间出现、子空间复现进行检测。若被触发,则相应地更新S,D和O。计算$\ddot{p}_l^t$,并对每一个活跃子空间进行类消失检测,若$\ddot{p}_l^t\geqslant0.5$,则判定该子空间转为非活跃子空间,相应更新S和D。

输出:数据流在线聚类结果。

---

2. 算法复杂度分析

下面对EDSSC算法的空间复杂度以及时间复杂度进行分析。在EDSSC算法中,用于演化检测的变量占用的存储空间大小可以忽略不计,因此EDSSC算法在存储空间的消耗主要用于各个子空间代表点的存储。根据式(4.11)可知,存储代表点的个数和总点数近似成对数关系,因此,当假设数据流有n个点且数据点的维

度为 d 时，EDSSC 算法的空间复杂度约为 $O(d \log_2 n)$，这与现有 Stream RBSC 算法中最先进的算法如 SSSC、SLSR、SLRR 是相近的，并远小于静态 RBSC 算法（静态 RBSC 算法如 SSC、LRR 算法的空间复杂度为 $O(dn^2)$）。

在静态学习阶段，EDSSC 算法的时间复杂度主要由式（4.3）所决定，其复杂度大约为 $O(T_0^3)$[205]（T_0 为支撑点个数）。在动态聚类阶段，EDSSC 需要对 $n - T_0$ 个流入点通过计算式（4.14）进行处理，并通过计算式（4.3）对离群点存储池中的点进行新的子空间挖掘，因此，其复杂度约为 $O(\zeta n_o^3 + (n - T_0) \log^2 n)$，其中，$\zeta$ 表示子空间出现检测被触发的次数，n_o 表示离群点存储池中点的个数。由于 $T_0, n_o \ll n$，因此 EDSSC 算法的时间复杂度远小于 LRR 算法（$O(d^2 n + n^3)$）和 SSC 算法（$O(dn^3)$）[205]。

由于子空间出现检测的触发，相比于 SSSC、SLRR、online LRR 算法，EDSSC 需要额外的时间来计算式（4.3）完成对新子空间的挖掘，因此 EDSSC 算法的时间复杂度略微大于 SSSC、SLRR、online LRR 算法。然而，为了挖掘在静态学习阶段中没有出现的新的子空间，这部分额外的时间开销，即 $O(\zeta n_o^3)$，是不可避免的，同时也是十分必要的，因为这是 EDSSC 适应演化数据流的保证。而 SSSC、SLRR、online LRR 等同类算法的假设是在静态学习阶段，所有的子空间已经全部被学习掌握，这显然是不符合实际的。当 EDSSC 处理这些不具备演化性质的数据流时，其时间复杂度自然也会降低，在此条件下，EDSSC 算法与 SSSC、SLRR、online LRR 等同类算法的时间复杂度是近似相等的。

4.4　仿真实验与分析

本节利用公共数据集研究 EDSSC 算法性能。数据流子空间聚类领域内最先进的算法包括 SSSC[205]、SLRR[205]、SLSR[205] 和 OLRSC[283] 以及数据流聚类领域极具代表性的算法 CEDAS[239] 和 STRAP[193] 被作为对比算法来验证 EDSSC 算法的有效性及优越性。

本实验共分为六个部分，4.4.1 节对实验所用到的数据集以及各种算法的主要参数设置进行简要介绍与说明。4.4.2 节对 EDSSC 算法中主要参数的敏感度进行分析，重点讨论重要参数对 EDSSC 算法性能的影响，以加深对 EDSSC 算法的理解。4.4.3 节对比研究 EDSSC 算法及各对比算法处理雷达辐射源数据流的性能。4.4.4 节研究 EDSSC 在演化面部数据流上的性能，同时将 EDSSC 算法结果与对比算法结果进行对比与讨论。在 4.4.5 节中重点研究 EDSSC 算法在手写数字以及字母演化数据流上的处理性能。4.4.6 中重点研究各算法对 MNIST30K 数据流的子空间个数的实时监测能力。

4.4.1　数据集及实验设置

1. 数据集简介

本实验所测试的数据集全部是从公共实测数据集中生成,包括在领域内广泛采用的面部数据集(AR[284],Ex-YaleB[245],MPIE[285])、手写数字(USPS[286],PenDigits[287],MNIST[288]、手写字母数据集(EMNIST-letter[289])、实测雷达辐射源数据集。下面对这些数据集进行简要的介绍。为了便于计算,对部分数据集进行裁剪与采样。

1) 面部数据集

本实验采用的面部数据集包括 AR①、Ex-YaleB②、MPIE③ 三种。这三种数据集均为人脸数据集,整体来说,三种数据集均是对目标人物在不同光照条件、遮挡条件(如墨镜)以及不同面部表情的图像采集。具体地,AR 数据集共采集了 126人(70 名男性,56 名女性)不同的面部表情以及不同照明和不同遮挡条件下的超过4000 幅人脸图像,每幅图像尺寸为 768×576。本实验选用了 AR 数据集的一个子集,该子集由从 50 名男性、50 名女性中随机各选 14 张图片所组成(共 1400 张),维度为 167 维。本实验选用的 Cropped Ex-YaleB 数据集包含来自 38 个目标人物的共2432 幅图像(每个目标人物 64 幅),每幅图像由尺寸 192×168 裁剪为 48×42。本实验用到的 MPIE 数据集的子集,共包含 100 个目标人物的 4400 幅图像(每个目标人物 44 幅),每幅图像已用 PCA(Principal Components Analysis)方法降低到 115 维。

2) 手写数字数据集

本实验采用的手写数字数据集包括 USPS④、PenDigits⑤、MNIST⑥。手写数

---

① AR 数据集下载地址:https://www2. ece. ohio-state. edu/~aleix/ARdatabase. html.

② Ex-YaleB 数据集下载地址:http://vision. ucsd. edu/~leekc/ExtYaleDatabase/ExtYaleB. html.

③ MPIE 数据集下载地址:http://www. cs. cmu. edu/afs/cs/project/PIE/MultiPie/Multi-Pie/Home. html.

④ USPS 数据集下载地址:https://www. kaggle. com/bistaumanga/usps-dataset.

⑤ PenDigits 数据集下载地址:https:// archive. ics. uci. edu/ml/datasets/Pen-Based＋Recognition＋of＋Handwritten＋Digits.

⑥ MNIST 数据集下载地址:http://yann. lecun. com/exdb/mnist/.

字是指对不同志愿者书写 0~9 的图像采集。USPS 数据集是英文手写字母和数字图像集,其中包括 9298 幅 16×16 的手写数字图像。PenDigits 数据集包含来自 44 个志愿者共 10992 幅手写的数字图像,每幅图像为 16 维。MNIST 数据集一共包含 70000 幅手写数字图像,每幅图像的尺寸为 28×28。本实验在 MNIST 数据集的每个数字中任选 3000 幅组成 MNIST30K 数据子集。

3) 手写字母数据集

本实验采用的手写字母数据集为 EMNIST-letter[①] 数据集。EMIST-letter 数据集是手写的字母数据集,包含 13000 幅 26 个英文字母的图像,每幅图像的尺寸为 28×28。

4) 雷达辐射源数据

本实验还采用了雷达辐射源数据,这些数据是从二次监测雷达(Secondary Surveillance Radar,SSR)系统经实际测量得到。SSR 系统在现实中具有很多应用,比如电子战场领域区分敌我战斗机,以及民航领域的空中管制。典型的 SSR 系统主要由地面装配的询问器和飞行器上装载的应答机组成。研究发现,由于老化、温度、频率稳定度漂移等原因,应答器不可避免地在发射脉冲中引入了无意脉冲调制(Unintentional Modulation on Pulse,UMOP)。一般地,假设由同一个应答器所引入的 UMOP 的特性是稳定且一致的。因此,从同一个应答器辐射的脉冲可以根据 UMOP 特征被归为一类。本次实验数据具体分别独立采集了 8 个不同的应答器的脉冲信号,分别将 8 个应答器表示为 R1~ R8。图 4.10 是数据采集场景示意图。注意,图中各个飞行器的位置关系并不代表实际场景的位置关系。本实

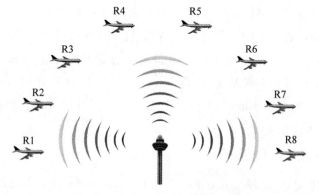

图 4.10　实测数据采集场景示意图

---

① EMNIST-letter 数据集下载地址:https://www.nist.gov/itl/products-and-services/emnist-dataset

验在距飞行器约 15km 处独立采集了起飞期间的应答器辐射的脉冲数据。通过分析数据,预估采集场景下的信噪比(Signal to Noise Ratio,SNR)大约为 15dB。经一定的信号处理,每个数据处理成了一个长度为 400 的向量,每一个应答器下采集的脉冲视为分布在同一个子空间。

为了构造演化数据流,本实验对上述数据集的数据顺序进行了一定的调整,主要将数据集分成了初始阶段与流入阶段。选择了数据集中一部分类出现在初始阶段,而剩余的类出现在流入阶段。具体数据流的信息以及相关设置如表 4.1 所示。

表 4.1　实验采用的演化数据流

数 据 集	数 据 流	样本数	维度	类数	起始类	出现类
面部数据	AR	1400	167	100	70	30
	EX-YaleB	2432	2016	38	20	18
	MPIE	4400	115	100	70	30
数字数据	USPS	9298	256	10	4	6
	PenDigits	10992	16	10	4	6
	MNIST30K	30000	784	10	4	6
字母数据	EMNIST-letter	13000	784	26	18	8
雷达数据	DS1	1200	400	8	4	4
	DS2	1200	400	8	4	4
	DS3	1200	400	8	2	6

2. 参数设置

本实验选用四种最先进的 Stream RBSC 算法,即 SSSC[205]、SLRR[205]、SLSR[205]、OLRSC[283],以及两种先进的 DSC 算法,即 CEDAS[239] 和 STRAP[193],作为 EDSSC 的对比算法。所有算法在 MATLAB 环境中运行。对于 SSSC、SLRR、SLSR 和 OLRSC,这四种算法有一个共同的十分重要的参数 λ,该参数是在求解 ℓ_1-最小化问题时用来平衡保真项和正则项。对于 CEDAS 和 STRAP 算法,需要输入参数 r 来控制生成类的半径。为了公平比较,所有算法参数都被调到最佳状态。具体参数设置如表 4.2 所示。

3. 评价指标

本实验利用准确率(Accuracy)和归一化互信息(Normalized Mutual Information,NMI)值对各个算法的结果进行聚类质量(Clustering Quality)评估。下面对两种指标进行简要的介绍。

表 4.2　实验各算法的参数设置

数据流	EDSSC τ,f	SSSC λ,ε	SLRR λ	SLSR λ	OLRSC λ	CEDAS r	STRAP r
AR	0.4,20	1e-3,1e-7	3.1	1e-3	0.0213	1200	1500
EX-YaleB	0.5,10	0.5,0.3	2.5	1e-4	0.0223	2000	2000
MPIE	0.4,20	1e-3,1e-5	0.7	0.1	0.0933	0.1	0.1
USPS	0.4,15	1e-3,1e-6	3.1	1e-3	0.0625	10	8.5
PenDigits	0.5,25	1e-3,1e-7	0.6	1e-3	0.2500	100	100
MNIST30K	0.4,10	0.1,1e-4	1e-3	0.1	0.3162	100	100
EMNIST-letter	0.4,30	1e-3,0.8	3.1	0.01	0.0357	7.5	7
DS1	0.4,6	1e-3,0.7	3.1	0.8	0.0499	12	8
DS2	0.4,6	1e-3,0.8	3.1	0.3	0.0499	12	8
DS3	0.4,6	1e-3,0.2	3.1	0.8	0.0499	12	8

1）Accuracy

准确率，也称聚类精确度，是衡量数据集经聚类后获得的标签与真实标签（Ground Truth）的一致程度的重要指标。现假设待聚类点集有 N 个点$\{x_i\}_{i=1}^N$，N 个点的标签分别为$\{l_i\}_{i=1}^N$，聚类后经最佳类标重新分配后各点的获得标签为$\{r_i\}_{i=1}^N$，则其 Accuracy 指标可由下式计算：

$$\text{Accuracy} = \frac{\sum_{i=1}^N \delta(l_i,r_i)}{N}$$

其中，$\delta(\cdot)$为指示函数：

$$\delta(x,y) = \begin{cases} 1, & x=y \\ 0, & \text{其他} \end{cases}$$

需要指出的是，最佳类标重新分配可由匈牙利算法（Hungarian Algorithm）实现。

2）NMI

互信息（Mutual Information）原本是信息论里一个重要的信息度量，一般是指一个随机变量中包含的关于另一个随机变量的信息量。NMI 是指对互信息的归一化。NMI 目前在聚类领域是最常用的聚类评价指标之一，用来度量实际聚类结果与数据真实标签的相近程度。假设对数据集$\{x_i\}_{i=1}^N$ 实际聚类结果为 $\Theta=\{\theta_1,\theta_2,\cdots,\theta_K\}$，而数据集真实的类簇划分为 $C=\{\mathcal{C}_1,\mathcal{C}_2,\cdots,\mathcal{C}_J\}$，则 NMI 可由下式得到：

$$\mathrm{NMI}(\Theta,\mathbb{C}) = \frac{I(\Theta;\mathbb{C})}{(H(\Theta)+H(\mathbb{C}))/2}$$

其中，$I(\cdot)$ 表示互信息，$H(\cdot)$ 为熵。可由以下公式计算得到：

$$I(\Theta;\mathbb{C}) = \sum_k \sum_j P(\theta_k \cap \mathcal{C}_j) \log \frac{P(\theta_k \cap \mathcal{C}_j)}{P(\theta_k)P(\mathcal{C}_j)}$$

$$= \sum_k \sum_j \frac{|\theta_k \cap \mathcal{C}_j|}{N} \log \frac{|\theta_k \cap \mathcal{C}_j|}{|\theta_k||\mathcal{C}_j|}$$

$$H(\Theta) = -\sum_k P(\theta_k) \log P(\theta_k)$$

$$= -\sum_k \frac{|\theta_k|}{N} \log \frac{|\theta_k|}{N}$$

Accuracy 和 NMI 的值都为 0~1 的实数，且值越大表示聚类结果越贴近真实的聚类结果。本实验中，Accuracy 与 NMI 值均是对同一实验重复进行 10 次后求取的平均值。

4.4.2　参数敏感度分析

在比较各个算法之前，有必要对 EDSSC 算法的参数敏感度进行分析，这有利于加深对 EDSSC 算法的理解。EDSSC 算法包括两个会对算法性能产生影响的重要参数，即 τ 和 f。τ 是区分离群点与在群点的重要参数，而 f 控制着 PH 检测的触发门限 η，也就间接地决定 EDSSC 对演化的敏感度。为了研究这两个参数对 EDSSC 算法产生何种影响，首先在不同参数 τ 和 f 设置下，将 EDSSC 算法对 PenDigits 数据流进行处理。

图 4.11 为不同 τ 参数下对应的 EDSSSC 算法聚类质量，其中另一个参数 f 保持在 $f=25$。由图 4.11 可以看到，当 τ 参数相对比较小时，如 $\tau < 0.5$ 时，聚类质量是比较低的，这是因为一个比较小的 τ 会导致在群点的判定更加宽松，即一部分原本不该属于在群点的点被当作在群点，从而导致聚类质量的下降。同样，当 τ 参数相对比较大时，如 $\tau > 0.75$ 时，聚类质量也会相应降低，这是因为随着 τ 参数的持续增加，离群点的判定会更加宽松，因此，大部分原本是在群点的点被当作离群点而暂存在离群点存储池，这必将导致后续的新类挖掘的不准确，当 τ 在 0.5 附近时，整体聚类质量达到最大。

类似地，本实验继续研究 f 参数对 EDSSC 算法聚类质量的影响。首先固定 $\tau=0.5$，将 f 参数依次取 $f=5,10,15,20,25,30,35$，然后将不同参数设置下的

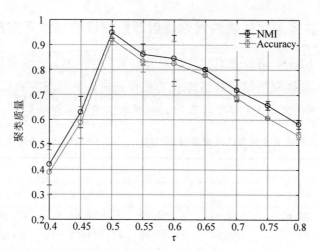

图 4.11 在不同 τ 设置下 EDSSC 算法的聚类质量(NMI 与 Accuracy)

EDSSC 算法依次作用于 PenDigits 得出聚类结果,并求取 NMI 和 Accuracy 值。图 4.12 为对应各个参数设置下的聚类质量结果。如图所示,当 f 参数设置偏大时,PH 检测不容易被触发,这导致 EDSSC 算法对子空间出现以及子空间复现比较不敏感,容易错过新出现的子空间的挖掘,从而影响聚类的质量。而当 f 参数过小时,PH 检测极易触发,使得 EDSSC 算法对子空间演化比较敏感,从而影响聚类的质量。

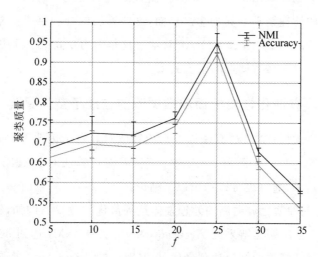

图 4.12 在不同 f 设置下 EDSSC 算法的聚类质量(NMI 与 Accuracy)

4.4.3 具有演化性质的雷达辐射源数据流的在线子空间聚类

本节研究 EDSSC 算法及对比算法对具有演化性质的雷达辐射源数据流的子空间聚类性能,具体利用雷达数据合成了具有演化性质的三种数据流,分别称为 DS1、DS2 和 DS3,表 4.3 记录了各算法对三种数据流的处理结果。

表 4.3 不同算法对三种雷达辐射源数据流(DS1,DS2,DS3)处理结果对比(单位:%)

算法	DS1		DS2		DS3	
	Acc.	NMI	Acc.	NMI	Acc.	NMI
EDSSC	**92.67**	**92.67**	**91.50**	**92.01**	**87.59**	**90.98**
SSSC	54.67	49.04	51.58	44.96	24.55	18.66
SLRR	60.43	67.20	44.57	50.41	59.31	72.87
SLSR	40.58	40.04	43.77	47.90	32.08	25.57
OLRSC	43.67	31.11	38.75	26.96	24.17	10.49
CEDAS	12.08	39.55	10.92	33.69	9.58	27.78
STRAP	16.58	21.08	17.92	22.78	8.67	8.47

如表所示,EDSSC 算法对雷达辐射源数据流的处理结果明显优于对比算法。这主要是因为 EDSSC 算法能够检测并适应雷达辐射源数据流内的演化性质。而 SSSC、SLRR、SLSR、OLRSC 算法无法检测数据流的演化,因此,这些算法对雷达辐射源数据流的处理结果不甚理想。然而,这些算法的处理结果要整体优于传统的基于距离度量的 CEDAS 和 STRAP 算法。这是因为在高维空间中,传统的欧氏度量已经无法有效衡量数据点的亲疏关系。

4.4.4 具有演化性质的面部数据流的在线子空间聚类

本节将重点关注 EDSSC 算法以及对比算法对具有演化性质的面部数据流的子空间聚类性能。表 4.4 记录了 EDSSC 算法及对比算法对 AR、ExYaleB、MPIE 数据流的处理结果,通过表可以得出以下结论:

EDSSC 对三种演化数据流的处理整体达到最优的效果。例如,针对 ExYaleB 数据流,EDSSC 算法聚类结果的 Accuracy 为 75.01%,NMI 达到 86.47%。而对比算法中 OLRSC 算法的结果达到最优,但其对应的 Accuracy 仅为 57.14%,NMI 仅为 74.43%。这证明了 EDSSC 算法的正确性,特别是证明了 EDSSC 对于子空间演化的检测策略、子空间个数的估计以及 ASCI 指标的合理性。

表 4.4 不同算法对三种面部演化数据流（AR,ExYaleB,MPIE）的结果对比（单位：%）

算法	AR		ExYaleB		MPIE	
	Acc.	NMI	Acc.	NMI	Acc.	NMI
EDSSC	**61.96**	75.35	**75.01**	**86.47**	**79.71**	**89.34**
SSSC	41.43	63.04	36.17	57.69	62.72	79.43
SLRR	45.32	77.47	55.72	70.99	64.33	85.33
SLSR	59.69	**84.35**	53.28	70.33	31.44	69.47
OLRSC	60.57	70.54	57.14	74.43	60.93	80.00
CEDAS	27.43	60.21	27.43	59.70	11.52	12.14
STRAP	18.84	34.31	16.12	24.40	32.00	41.01

可以观察到较之于最先进的 Stream RBSC 算法，即 SSSC、SLRR、SLSR、OLRSC 算法，EDSSC 算法的聚类质量明显要高。这种优越性在处理 ExYaleB 和 MPIE 数据流中得到更充分的体现。这是因为这些 Stream RBSC 对比算法都基于一个假设即子空间结构一旦确定就不会发生变化，这个假设导致这些算法无法检测以及适应演化的子空间结构，因此，这些算法的聚类结果质量会比较低。值得注意的是，对于 AR 数据流，EDSSC 算法结果对应的 NMI 值（75.35%）要稍逊于 SLSR 算法结果（84.35%）。一个可能的原因是 AR 数据流的点的分布比较复杂，并不具有十分理想的子空间结构（一个类的点并不完全位于同一子空间内），因此，EDSSC 在没有任何先验的条件下很难估计真实的子空间个数（EDSSC 估计出 126 个子空间），而 SLSR 以及 SSC、SSSC 和 OLRSC 算法需要准确的类数作为先验知识，因此这些对比算法是预先知道 AR 数据包含的子空间，因此自然会提高这些算法的 NMI 值。

较之于先进的 DSC 算法，即 STRAP 和 CEDAS 算法而言，EDSSC 算法更适合对高维演化数据流进行子空间聚类。如表 4.4 中数据所示，STRAP 与 CEDAS 算法对各个数据流的聚类效果都比较差，这是因为 STRAP 与 CEDAS 算法是基于传统的距离度量，这种距离度量在低维欧氏空间内具有一定的效果，但是在高维空间内，由于高维数据的稀疏特性，使得所有点的距离都十分接近，传统的距离度量无法刻画高维数据点的空间分布，因此 STRAP 与 CEDAS 算法的聚类质量会比较差。然而，EDSSC 充分利用的是数据点的自表示特性，并不依赖于距离度量，因此对高维数据点的空间分布的刻画更加准确。

4.4.5 具有演化性质的手写数字和字母数据流的在线子空间聚类

本节重点研讨 EDSSC 算法以及对比算法针对具有演化性质的手写数字及字母数据流的处理性能,具体选用 USPS、PenDigits、EMNIST-letter 及 MNIST30K 数据流。表 4.5 记录了 EDSSC 算法及对比算法对上述四种数据流的处理结果,通过比较各算法的结果,可以得出以下结论:

表 4.5 不同算法对手写数字和字母数据流

(**USPS,PenDigits,EMNIST-letter,MNIST30K**)的结果对比(单位:%)

算法	USPS		PenDigits		EMNIST-letter		MNIST30K	
	Acc.	NMI	Acc.	NMI	Acc.	NMI	Acc.	NMI
EDSSC	**67.01**	**78.65**	**80.67**	**87.09**	**67.62**	75.58	**69.73**	**85.37**
SSSC	44.46	38.29	40.78	39.79	44.23	49.08	56.21	64.97
SLRR	60.43	67.20	44.57	50.41	59.31	72.87	47.43	56.01
SLSR	50.43	59.60	43.77	47.90	65.60	**83.50**	44.18	55.56
OLRSC	56.12	55.84	57.54	49.10	28.53	38.69	34.91	49.91
CEDAS	40.92	39.67	56.70	64.89	46.35	47.97	46.35	47.97
STRAP	44.11	49.61	34.40	34.07	27.02	38.91	27.02	38.91

在所有算法中,EDSSC 算法在 USPS 数据流和 PenDigits 数据流达到最优的聚类质量。例如,对于 USPS 数据流,EDSSC 的 Accuracy 达到 67.01%,NMI 达到 78.65%。而对比算法中,SLRR 达到最优,其结果的 Accuracy 与 NMI 值分别达到 60.43% 和 67.20%。对于 EMNIST-letter 数据流,EDSSC 算法在 Accuracy 上实现了最优达到 67.62%,其 NMI 达到 75.58%,这略少于 SLSR 算法的 NMI 值(83.50%)。这主要是因为 EMNIST-letter 数据流的数据点的空间分布比较复杂,导致 EDSSC 算法在估计其潜在的数据流方面不是很准确,从而造成聚类结果的下降。然而,SLSR 等其余 Stream RBSC 算法是依靠输入子空间个数的,这些算法不具备子空间个数估计的能力,当输入真实的子空间个数时,自然会使得相应结果有所提升。

对于 MNIST30K 数据流,EDSSC 算法的处理结果达到所有算法里最优,其结果的 Accuracy 达到 69.73%,NMI 达到 85.37%,优于各对比算法。在对比算法中,SSSC 算法达到较理想的结果,其 Accuracy 达到 56.21%,NMI 达到 64.97%,SLRR 与 SLSR 结果性能比较接近,而 OLRSC、CEDAS 与 STRAP 算法效果较差。

由表 4.5 可以看出,EDSSC 算法在处理不同类型的数据流均保持着十分稳定的性能。然而,对比算法的性能却十分不稳定。例如,SLSR 算法在处理 EMNIST-letter 数据流时的性能达到不错的效果,其 Accuracy 和 NMI 值分别为 Accuracy=65.60%,NMI=83.50%。在处理 USPS 数据流时,其聚类性能比较差,仅达到 Accuracy=50.43%,NMI=59.60%。SSSC 算法在处理 EMNIST-letter 数据流(Accuracy=44.23%,NMI=49.08%)以及 USPS 数据流(Accuracy=44.46%,MMI=38.29%)时,其结果远不如其他的 Stream RBSC 算法,然而,其在处理 MNIST30K 数据流时性能相对比较可以接受。一个很可能的原因是这些算法基于不同的子空间聚类理论来挖掘子空间结构。例如,SSSC 算法是基于对式(2.9)的稀疏限制,然而 EDSSC 算法是基于对式(2.9)低秩约束。一般来说,后者在面对不同类型数据时,挖掘子空间的能力更加强大[205]。

4.4.6 对 MNIST30K 数据流的子空间个数的实时监测

本节选用 MNIST30K 数据流进一步研讨 EDSSC 算法对演化数据流中的子空间演化的适应能力。MNIST30K 数据流共包含 30000 个数据点,这些点是从 MNIST 数据库中每个手写数字(0~9)对应的图像集中随机选择 3000 幅所组成。为了构造复杂的演化形式,首先对这些数据点设计了合理的时间分布,从而赋予 MNIST30K 数据流同时具有子空间出现、子空间消失以及子空间复现的复杂演化形式。MNIST30K 数据流的数据点的时间分布如图 4.13 所示。

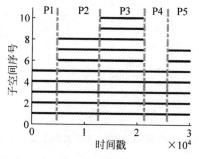

图 4.13 MNIST30K 数据流的数据点时间分布

如图 4.13 所示,MNIST30K 数据流按照演化特性可以分为 5 个演化阶段,为了便于区分,分别用 P1～P5 表示。P1 阶段为起始阶段,在此阶段共有 5 个子空间出现。随后,数据流进入演化阶段,P2 阶段共有 3 个新的子空间出现。随后在 P3 阶段,另有 2 个新的子空间出现,在此阶段,10 个子空间全部存在,子空间数目达到了最大。在 P4 阶段,5 个子空间消失。之后,在 P5 阶段,2 个消失的子空间复现。

为了研究各算法在数据流子空间演化检测方面的性能,本实验还实时监测了各算法对 MNIST30K 数据流的子空间的挖掘能力,将各个算法处理下的子空间数目绘制在图 4.14 中。

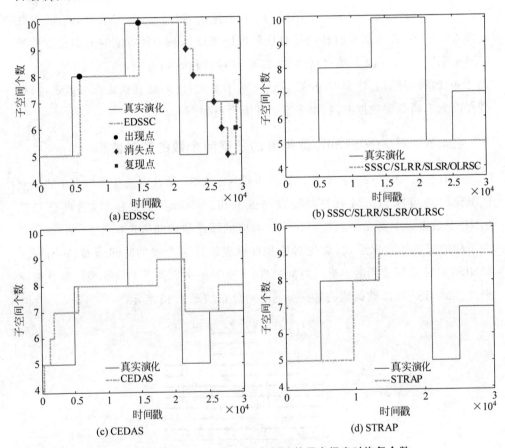

图 4.14 各算法对 MNIST30K 数据流的子空间实时恢复个数

如图 4.14(a)所示,EDSSC 对子空间演化的检测是有效的,其可以检测出子空间的出现、消失以及复现,并且这些检测准确,直接反映在对子空间数目检测上。

可以看到,EDSSC检测的子空间数目曲线与数据流真实的子空间数目曲线十分类似,略有延迟,这个延迟主要是用于演化的检测,避免EDSSC模型对数据流过于敏感。然而,在图4.14(b)中,SSSC、SLRR、SLSR以及OLRSC算法对数据流提取的子空间数目始终维持在5,这是因为SSSC、SLRR、SLSR以及OLRSC算法基本假设是在静态学习阶段,数据点便覆盖了所有的子空间,子空间结构一旦确定便保持不变。因此,其挖掘的子空间结构保持不变且无法适应演化的数据流。除此之外,这些算法因不具备子空间数目估计的能力,需要预先输入子空间个数用于静态学习阶段的谱分割。在图4.14(c)中,可以观察到CEDAS具有对子空间出现、消失的检测能力,其挖掘的子空间数目从0持续增长至9,随后检测到1个子空间的消失。然而,结合表4.5可知,这种挖掘是不准确的,因为CEDAS是基于传统的距离度量来刻画数据点的亲疏关系,这种距离度量在高维空间内对数据点不具有良好的划分能力,无法刻画子空间结构。同时,值得指出的是,CEDAS不具备子空间复现检测的能力。STRAP算法对MNIST30K数据流的子空间数目挖掘如图4.14(d)所示,STRAP算法在$t=14000$左右,一共检测到4个子空间的出现,然而之后子空间数目保持不变,这是因为其无法检测子空间的消失与复现。

本章小结

由于雷达调制技术的飞速发展以及电磁环境的日益复杂,传统的依赖雷达PDW进行雷达信号分选的思路已经不足以解决高密度脉冲环境下的分选任务。传统的PDW信息本质上属于利用脉间信息进行分选,忽略了信号内部本身蕴含的信息。因此,本章将雷达辐射源在线分选问题抽象为演化高维数据流的在线聚类问题,从数据流聚类这一新颖角度突破解决雷达辐射源在线分选难题。

但演化高维数据流的在线聚类本身是一个极具挑战的问题,目前未见有效的办法。本章提出的EDSSC模型成功实现了对高维演化数据流的在线子空间聚类。EDSSC算法是一个二阶段算法,包括静态学习与在线聚类两个阶段。与目前最先进的同类算法(SSSC、SLRR、SLSR、OLRSC、CEDAS、STRAP)相比,EDSSC算法不仅以高质量的在线子空间聚类结果完成对演化数据流的在线子空间聚类,同时也对子空间结构进行实时监测,对数据流的演化性质具有强适应性,有效地检测出子空间出现、消失与复现这三种典型的子空间演化形式。

本章的主要内容包括:

① 本章提出了子空间数目估计算法,该方法有效提高了对数据集子空间数目估计的精度,减少了子空间聚类对先验知识的依赖,为实现在线子空间数目估计奠定了必要的基础。

② 本章提出并建模了 EDSSC 概要。利用 EDSSC 概要,平衡了目前阻碍在线子空间聚类发展的重要矛盾,即为追求聚类准确度而保存更多的点与为追求聚类效率而放弃更多的点之间的矛盾。

③ 本章提出并从数学上定义了 ASCI 指标。较之于目前广泛采用的 SCI 指标,本章从理论上证明了 SCI 指标是 ASCI 指标的一种特例,ASCI 指标是 SCI 指标的推广。ASCI 指标在解决非平衡数据流聚类问题时效果远远优于 SCI 指标。

④ 本章进行了大量的仿真实验,通过目前广泛采用的公共实测数据以及雷达辐射源实测数据充分验证了 EDSSC 算法的有效性和优越性。仿真实验证明,EDSSC 算法达到目前同类算法的最先进水平。

第5章

类不均衡条件下基于脉内信息的
雷达辐射源在线分选

5.1　引言

　　尽管越来越多的研究者开始试图利用机器学习手段实现雷达辐射源信号分选,但是大部分是将其视为闭集分类问题(Closed-set Classification Problem),即假设所有的待分选的辐射源信号均可提前获取相应的训练样本,然而这在实际中是极其不现实的,因为一些辐射源信号,特别是非合作辐射源的信号其实是很难预先获取的。因此,本书提出了在数据流聚类这一无监督学习框架下实现雷达辐射源信号分选。第3章、第4章也充分论证了这一思路的合理性。

　　值得注意的是,无论是利用监督还是非监督方法试图解决雷达辐射源信号分选问题,都存在一个重要的假设,即各辐射源雷达脉冲信号样本是均衡的。然而,这个假设在现实中其实很难得到满足。在复杂电磁环境中,各个辐射源信号的数量其实是极其不均衡的,辐射源因作战任务不同、工作次序不同等因素很难实现在一段时间内辐射的信号个数是彼此相当的。例如,对于雷达辐射源而言,不同雷达的脉冲重复频率(PRI)相差甚远,势必造成各个雷达辐射源脉冲信号在数量上的不均衡性。

　　其实在现实社会中,这种不平衡数据集也是广泛存在的。典型的例子包括网络中正常邮件和垃圾邮件、销售业中的日常用品和大宗货物、气象数据中的普通气象和极端气象等。可以说,类不平衡是现实世界中的普遍状态,而目前在无监督聚类以及监督分类领域,如何实现对不平衡数据集的聚类以及分类仍然是亟待解决的现实问题。因此本章重点关注如何对非平衡脉冲流进行在线聚类以达到分选目的。

　　本章各节安排如下：5.2 节主要对雷达非均衡演化数据流的分选问题进行分析与建模,定义辐射源不平衡特性,从理论上分析数据不平衡给聚类算法带来挑战的根本原因,为后续研究铺垫理论基础。5.3 节对 ESC 算法进行简要的总结与分析,重点分析 ESC 算法的局限性,并结合实验对 ESC 算法的局限性进行验证。5.4.1 节首先提出 I-ESC 算法,重点解决 ESC 算法的初始化敏感问题,5.4.2 节提出 DI-ESC 算法,实现对非均衡演化数据流的在线子空间聚类。5.5 节利用实测数据进行大量的仿真实验,对 I-ESC 算法以及 DI-ESC 算法的有效性及优越性进行充分验证与分析,同时对 I-ESC 算法及 DI-ESC 算法的敏感度进行实验分析。5.6 节对本章主要内容进行总结。

5.2　问题分析与建模

5.2.1　雷达辐射源非均衡演化脉冲流在线分选问题建模

　　本章继续考虑一个典型的雷达辐射源在线分选场景：在 t 时刻,共有 k^t 个雷达辐射源(为了行文简洁,在下文中称其为辐射源)同时工作,每个辐射源可以用 $\mathcal{E}$ 来表示,那么 k^t 个辐射源可以表示为 $\mathbb{E}^t = \{\mathcal{E}_k^t\}_{i=1}^{k^t}$。与此同时,假设有效接收范围内存在一接收机接收这些辐射源持续不断产生的信号脉冲。

　　假设在 t 时刻,接收机接收到的脉冲信号为 $\boldsymbol{p}^t$,且 $\boldsymbol{p}^t \in \mathbb{R}^{D \times 1}$。假设不存在脉冲之间的交叠,且 1 个时间戳只接收 1 个脉冲。如此,接收到的脉冲流可表示为 $\boldsymbol{P} = \{\boldsymbol{p}^t\}_{t=1}^N (N \to \infty)$。为了方便后续讨论,将截至 t 时刻之前(包含 t)接收到的所有脉冲按列依次排序组成矩阵 $\boldsymbol{P}^t$,即 $\boldsymbol{P}^t = [\boldsymbol{p}^1 \cdots \boldsymbol{p}^t]_{D \times t}$。

　　如前所述,辐射源演化特性是客观存在的,本章将继续考虑三种最典型的辐射源演化形式,即辐射源的出现、消失与复现。

- 辐射源出现：是指一个新的辐射源在 t 时刻开始工作。某辐射源 $\mathcal{E}$ 满足 $\mathcal{E} \notin \mathbb{E}^1 \cup \mathbb{E}^2 \cup \cdots \cup \mathbb{E}^{t-1}$ 且 $\mathcal{E} \in \mathbb{E}^t$,称该辐射源在 t 时刻出现。

- 辐射源消失：是指之前已经存在的辐射源在最近一段时间不再工作，即若存在一个辐射源 $\mathcal{E}$ 满足 $\mathcal{E} \in \mathbb{E}^{t_0} \cap \mathbb{E}^{t_0+1} \cap \cdots \cap \mathbb{E}^{t-1}$ 且 $\mathcal{E} \notin \mathbb{E}^t$，同时 $1 \leqslant t_0 < t$，则称 $\mathcal{E}$ 消失。

- 辐射源复现：是指一个之前消失的辐射源在 t 时刻再次出现，即若辐射源 $\mathcal{E}$ 满足 $\mathcal{E} \in \mathbb{E}^{t_1} \cap \mathbb{E}^{t_1+1} \cap \cdots \cap \mathbb{E}^{t_2-1}$，$\mathcal{E} \notin \mathbb{E}^{t_2} \cup \mathbb{E}^{t_2+1} \cup \cdots \cup \mathbb{E}^{t-1}$ 和 $\mathcal{E} \in \mathbb{E}^t$，其中 $1 \leqslant t_1 < t_2 < t$，则称辐射源 $\mathcal{E}$ 在 t 时刻复现。

辐射源除具有演化特性之外，还具有不平衡特性，这种特性导致了各个辐射源信号样本的不平衡，给聚类带来很大的挑战，本章将重点解决辐射源不平衡问题，现对辐射源不平衡特性作如下定义：

辐射源不平衡特性：辐射源之间因具有不同的工作时间以及脉冲重复频率，极易造成接收机接收到的脉冲流中源自各个辐射源的信号样本的数量分布不均衡的现象。

假设在 t_1 到 $t_2 (t_2 > t_1)$ 时间段内存在 $l_{(t_1,t_2)}$ 个辐射源工作，其中辐射源 $\mathcal{E}_i (i = 1, 2, \cdots, l_{(t_1,t_2)})$ 在此阶段共发射 n_i 个脉冲，且辐射源存在不平衡特性。将发射脉冲数量大的辐射源称为过表达辐射源，而将发射脉冲数量小的辐射源称为欠表达辐射源。同时，为了对不平衡度进行量化，将发射脉冲最大的辐射源表示为 $\mathcal{E}_{\max}$，将发射脉冲最小的辐射源表示为 $\mathcal{E}_{\min}$，则定义不平衡度 γ：

$$\gamma = \frac{n_{\max}}{n_{\min}} \tag{5.1}$$

其中，$n_{\max}$ 与 $n_{\min}$ 分别为辐射源 $\mathcal{E}_{\max}$ 和 $\mathcal{E}_{\min}$ 辐射的脉冲个数。目前，大部分非平衡数据的研究普遍认为一般非平衡数据 $\gamma \geqslant 4^{[290]}$。

基于以上分析，本章重点关注雷达非均衡演化脉冲流的分选问题。

雷达辐射源非均衡演化脉冲流的在线分选问题：给定脉冲流 $\boldsymbol{P}^t$ 的条件下，已知 $\boldsymbol{P}^t$ 具有演化性以及非均衡性质，雷达非均衡演化脉冲流的在线分选是实现在任意 t 时刻，确定辐射源 $\mathbb{E}^t = \{\mathcal{E}_i^t\}_{i=1}^{k^t}$ 以及为每个脉冲 $\boldsymbol{p}^t$ 分配一个对应的辐射源 $\mathcal{E}_i (i \in [1, k^t])$。

5.2.2 雷达辐射源非均衡演化脉冲流在线分选问题分析

本质上，脉冲流就是一个具有演化和非均衡性质的特殊的数据流。正如第 4 章所分析的，来自同一辐射源的脉冲可以被假定位于同一个子空间上，而来自不同辐射源的脉冲位于不同子空间上。从这个角度讲，雷达非均衡演化脉冲流的分选问题就是对特殊性质数据流的在线子空间聚类问题。

目前,大部分聚类算法都是面向的分布均衡的数据集[220],即数据集的点在各个类中的分布基本相当。一般地,称这样的数据集为类均衡数据集;反之,将那些在各个类中分布不均衡的数据集称为类不均衡数据集。我们定义类不均衡数据集中点数较少的类为欠表达类,反之为过表达类。

然而,对非均衡演化数据流的子空间聚类不仅在雷达信号处理领域,在数据流处理领域仍然是极具挑战的问题之一。原因在于非均衡数据将破坏数据点的子空间保持特性。

定义 5.1 (子空间保持特性)[291]:由数据点自表示特性(定义 2.1)可知,给定数据集 $\boldsymbol{X} = [\boldsymbol{x}_1 \cdots \boldsymbol{x}_N]_{d \times N} \in \mathbb{R}^{d \times N}$,对于 $\forall \boldsymbol{x}_i$,存在一个表示向量 $\boldsymbol{c}_i$,满足

$$\begin{cases} \boldsymbol{x}_i = \sum_{i \neq j} c_{ij} \boldsymbol{x}_j \\ \text{且 } c_{ij} \neq 0, \text{仅当 } \boldsymbol{x}_i, \boldsymbol{x}_j \text{ 属于同一个子空间} \end{cases} \quad (5.2)$$

其中,$\boldsymbol{c}_i = [c_{i1} c_{i2} \cdots c_{iN}]^T \in \mathbb{R}^{N \times 1}$ 且 $c_{ii} = 0$。这种性质称为子空间保持特性。下面以 SSC 算法为例,具体分析非均衡数据对子空间保持特性的影响。

例证 5.1 非均衡数据对 SSC 算法的影响

现仿真生成两个维度分别为 3,4 的子空间 $\mathcal{S}_1, \mathcal{S}_2$ 并将其投射到维度为 30 的仿射空间。不失一般性,假设 $\mathcal{S}_1$ 为过表达子空间,而 $\mathcal{S}_2$ 为欠表达子空间。现从子空间 $\mathcal{S}_1, \mathcal{S}_2$ 中分别均匀随机地抽取 n_1 与 n_2 个点。假设 $\mathcal{S}_1$ 与 $\mathcal{S}_2$ 中分别抽取的点集为 $\boldsymbol{X}_1, \boldsymbol{X}_2$,将点集组成集合 $\boldsymbol{X} = [\boldsymbol{X}_1 \boldsymbol{X}_2]$。不平衡度为 $\gamma = \dfrac{n_1}{n_2}$。利用 SSC 算法[203]对点集 $\boldsymbol{X}$ 进行子空间聚类。当 $\gamma = 4, 5, \cdots, 14$ 时,分别求取聚类准确率(Accuracy),并将结果绘制在图 5.1 中。由图 5.1 观察可知,随着数据集不平衡度增加,聚类准确率逐渐降低。

下面对该结果进行简要的分析。基于式(2.6),SSC 解决的优化问题是

$$\min_{\boldsymbol{c}_i \in \mathbb{R}^N} \| \boldsymbol{c}_i \|_1 + \frac{\lambda}{2} \left\| \boldsymbol{x}_i - \sum_{i \neq j} c_{ij} \boldsymbol{x}_j \right\|_2^2 \quad (5.3)$$

其中,$\lambda > 0$;$\| \cdot \|_1$ 和 $\| \cdot \|_2$ 分别表示 ℓ_1 范数和 ℓ_2 范数;$\boldsymbol{c}_i = [c_{i1}, \cdots, c_{iN}]^T$ 且 $c_{ii} = 0$ 是为了避免无意义解 $\boldsymbol{x}_i = \boldsymbol{x}_i$。

对于类均衡数据集,点 $\boldsymbol{x}_i$ 的解 $\boldsymbol{c}_i$ 中的非零元素将对应自己的同类,即子空间保持特性。然而,对于类不均衡数据集,若 $\boldsymbol{x}_i$ 为欠表达类的点,则其对应的 $\boldsymbol{c}_i$ 内

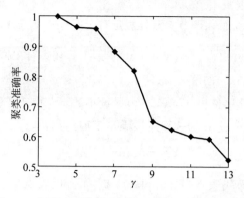

图 5.1　不同不平衡度 γ 下 SSC 算法的聚类准确度

的非零元素更容易对应过表达类,也就是说欠表达类的点容易被过表达类所吞并[220]。尽管这一现象更深层次的原因还未被发现,但对这一现象的研究近期得到广泛关注。文献[220]针对上述现象提出了 ESC 算法解决类不均衡数据集的子空间聚类问题。

5.3　面向非均衡数据的静态聚类算法——ESC 算法

2018 年,You 在计算机科学领域顶级会议 ECCV 上首次提出 Exemplar-based Subspace Clustering(ESC)算法①。ESC 算法主要针对解决数据的非均衡特性影响子空间保持特性这一问题,经仿真对比实验验证,ESC 算法在处理非均衡数据集方面达到先进水平。

假设给定待聚类的点集 $\mathcal{X}=\{x_i\}_{i=1}^N$,ESC 算法通过寻找一个子集 $\mathcal{X}_0^*$ 来降低 $\mathcal{X}$ 的不平衡度,$\mathcal{X}_0^* \subseteq \mathcal{X}$。对 $\mathcal{X}_0^*$ 而言,ESC 期待 $\mathcal{X}_0^*$ 能够尽可能压缩其尺寸,同时能最大程度代表原点集 $\mathcal{X}$。因此,ESC 定义了 $\mathcal{X}_0$ 对原点集 $\mathcal{X}$ 的损失函数:

$$F_\lambda(\mathcal{X}_0) = \sup_{x_i \in \mathcal{X}} f_\lambda(x_i, \mathcal{X}_0) \tag{5.4}$$

且

$$f_\lambda(x_i, \mathcal{X}_0) = \min_{c_i \in \mathbf{R}^N} \|c_i\|_1 + \frac{\lambda}{2}\left\|x_i - \sum_{j:\, x_j \in \mathcal{X}_0} c_{ij} x_j\right\|_2^2 \tag{5.5}$$

---

① ESC 算法下载地址: https://github.com/chongyou。

其中，$\lambda \in (1,\infty)$是一个输入调节参数且假定对于所有的$\boldsymbol{x}_i \in \mathcal{X}$，有$f_\lambda(\boldsymbol{x}_i, \varnothing) = \dfrac{\lambda}{2}$。

由式(5.5)分析可知，$f_\lambda(\boldsymbol{x}, \mathcal{X}_0)$衡量的是点$\boldsymbol{x}$被集合$\mathcal{X}_0$的覆盖程度。那么若$\mathcal{X}_0$中含有$\boldsymbol{x}_i$点，式(5.5)的解$\boldsymbol{c}_i$将使$f_\lambda(\boldsymbol{x}_i, \mathcal{X}_0)$接近$0$（$\boldsymbol{c}_i$是稀疏的）。这意味着$\mathcal{X}_0$的选取应该选择那些使得$f_\lambda(\boldsymbol{x}_i, \mathcal{X}_0)$尽量小的点。由于$F_\lambda(\mathcal{X}_0)$被定义为最大的$f_\lambda(\boldsymbol{x}_i, \mathcal{X}_0)$的值，因此$\mathcal{X}_0$的选择应该满足下面约束：

$$\mathcal{X}_0^* = \underset{|\mathcal{X}_0| \leqslant N_0}{\arg\min} \, F_\lambda(\mathcal{X}_0) \tag{5.6}$$

其中，$\mathcal{X}_0^*$中的点称为代表点（Exemplar），$\mathcal{X}_0^*$称为代表点集（Exemplar Set）；N_0是代表点集中代表点的个数，是一个需要提前由用户设定的参数。通常，一个理想的$\mathcal{X}_0$应该是尽可能多地对数据集$\mathcal{X}$进行覆盖。

式(5.6)这个优化问题其实是一个NP难问题，它需要我们对$\mathcal{X}_0^*$的每一个小于或等于N_0的子集进行评估。因此，ESC通常是由FFS（Farthest First Search）算法进行近似解决的，FFS算法伪代码见算法5.1。

算法5.1　Farthest First Search(FFS)算法

输入：数据集$\mathcal{X} = [\boldsymbol{x}_1, \cdots, \boldsymbol{x}_N] \subseteq \mathbf{R}^{D \times N}$，参数$\lambda > 1, k \ll N$；

首先在$\mathcal{X}$中随机选择一点$\boldsymbol{x}$，将$\mathcal{X}_0^{(1)} \leftarrow \boldsymbol{x}$

For　$i = 1, \cdots, k-1$ **do**

$\quad \mathcal{X}_0^{(i+1)} = \mathcal{X}_0^{(i)} \bigcup \underset{\boldsymbol{x} \in \mathcal{X}}{\arg\max} f_\lambda(\boldsymbol{x}, \mathcal{X}_0^{(i)})$

End

输出：$\mathcal{X}_0^{(k)}$

FFS算法的核心思想是随机选择一个点作为代表点集的第一个元素，随后逐个将$\mathcal{X}$中与当前代表点集中最不相似的点吞并到代表点集合中去，如此便使得$\mathcal{X}_0$中尽可能多地囊括了那些与$\mathcal{X}$最不相似的点，从而使得式(5.4)达到最小化。同时，$\boldsymbol{c}_i$可以用作建立相似度图，通过对相似度图进行谱聚类可以得到聚类结果。需要指出的是，ESC仍然具有两个不容忽视的缺点：其一是ESC算法因为FFS的随机初始化而极其不稳定，对初始化很敏感，下面利用例证5.2对ESC算法的性能进行分析。

例证5.2　ESC算法稳定性验证

本例证分别采用两种应用最广泛的手写数字图像集MNIST[288,291]数据集和USPS[286]数据集作为实验数据，两种数据集均为对阿拉伯数字0～9的手写图像。

MNIST 数据集共包含 70000 幅图像,每幅图像尺寸为 28×28;USPS 数据集共包含 9298 幅图像,每幅图像尺寸为 16×16。关于两种数据集更详细的介绍参见 4.4.1 节。

为了简化仿真实验,在本例证中,仅选择数据集中的偶数(0,2,4,6,8)类所对应的图像,并在各自类中随机选取 100 幅分别构成数据集 $\boldsymbol{X}_{\mathrm{mnist}}$ 与 $\boldsymbol{X}_{\mathrm{usps}}$。随后用 ESC 算法分别对 $\boldsymbol{X}_{\mathrm{mnist}}$ 与 $\boldsymbol{X}_{\mathrm{usps}}$ 进行重复实验处理,针对数据集 $\boldsymbol{X}_{\mathrm{mnist}}$ 与 $\boldsymbol{X}_{\mathrm{usps}}$ 依次独立重复 20 次处理,将处理结果绘制在图 5.2 中。由图 5.2 观察可知,ESC 算法对两种数据集的聚类准确率(Accuracy)波动非常大,例如对于 MNIST 数据集,最高准确率与最低准确率之差高达 0.42(最高准确率为 0.78,最低准确率为 0.36),而 USPS 数据集则接近 0.46(最高准确率为 0.96,最低准确率为 0.50)。

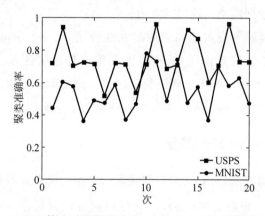

图 5.2　ESC 算法对数据集(MNIST 和 USPS)处理聚类准确率

ESC 算法之所以性能如此波动,是因为 FFS 算法的随机初始化。由算法 5.1 可知,FFS 在确定代表点集合 $\mathcal{X}_0$ 时,随机选择某一点作为 $\mathcal{X}_0^{(1)}$ 的第一个点,并以此为基础,逐步选取那些满足 $\underset{x \in \mathcal{X}}{\operatorname{argmax}} f_\lambda(\boldsymbol{x}, \mathcal{X}_0)$ 的点。整个优化达到的仅仅是 $\mathcal{X}_0^{(1)}$ 所引导的局部最优解,因此,ESC 算法的波动性很大。

ESC 算法的第二个缺点是其仅能处理静态数据集,对于存在更广泛的数据流,其没有找到合理的解决方案,因为 ESC 算法是基于数据点的自表示特性与空间保持特性展开的,理论上需要尽可能多的点作为表示字典去寻求稀疏表示向量。而数据流处理则无法存取大量的历史点,这制约了 ESC 算法向数据流处理的应用。

5.4 基于 DI-ESC 的雷达辐射源在线分选算法

脉冲流的演化特性以及非均衡特性对雷达辐射源在线分选均提出了很大的挑战。在本节中，将雷达在线分选问题转化为对具有演化和非均匀的数据流的在线子空间聚类问题，每个辐射源辐射的信号假设分布在同一个子空间上，而不同辐射源辐射的信号分布在不同的子空间上。由于 ESC 算法存在着性能不稳定的缺点，因此本章在 ESC 算法基础上，首先提出了 improved ESC(I-ESC)算法(5.4.1 节)。与原始 ESC 算法相比，I-ESC 算法对均衡及非均衡数据集处理的鲁棒性更强。然后基于 I-ESC 算法，提出了 Dynamic Improved ESC(DI-ESC)算法(5.4.2 节)。DI-ESC 算法具有数据流演化检测的能力。

DI-ESC 不仅能够实现雷达辐射源的在线分选，还能在其他领域处理类的问题。因此，在本章中除特殊说明外，不再强调雷达分选的任务背景，使得 DI-ESC 算法能够作为一个通用模型用于解决其他领域类似问题。脉冲流也被抽象为一个具有特殊性质的数据流，辐射源在本章中被抽象为子空间。

5.4.1 Improved ESC 算法

本质上，ESC 通过式(5.4)为原待聚类集合 $\mathcal{X}$ 寻找代表点子集 $\mathcal{X}_0^*$，从而大幅降低了 $\mathcal{X}$ 的不平衡度。根据文献[220]，式(5.4)的近似解可由 FFS 算法获得。5.3 节分析指出，FFS 算法是一个随机初始化算法，即从 $\mathcal{X}$ 中任选一点作为代表点集合 $\mathcal{X}_0^*$ 的第一个代表点 $\mathcal{X}_0^{(1)*}$，然后基于 $\mathcal{X}_0^{(1)*}$ 逐步选取其余代表点直到形成 $\mathcal{X}_0^*$。然而，这种随机选择第一个代表点的做法导致 ESC 对 $\mathcal{X}_0^{(1)*}$ 极其敏感，造成 ESC 算法不稳定。显然，$\mathcal{X}_0^{(1)*}$ 的选取对整个 ESC 算法的性能影响很大，因此，$\mathcal{X}_0^{(1)}$ 不应该任意选择。

由 5.3 节可知，$F_\lambda(\mathcal{X}_0)$ 的最小化实际上是 $\mathcal{X}_0$ 尽可能包括那些不能被其余点以较少损失进行表示的点[220]。这样，在式(5.4)限制下，那些与其余点不相似的点应该有希望被选择为代表点。因此，下面提出选取第一个代表点的新原则：

$$\mathcal{X}_0^{(1)*} = \min_{x_i \in \mathcal{X}} \Big[\sum_{\substack{x_j \in \mathcal{X} \\ j \neq i}} S(x_i, x_j) \Big] \tag{5.7}$$

其中, $\mathcal{S}(\cdot)$ 是相似度函数。例如, $\mathcal{S}(\cdot)$ 可以具体被定义为欧氏空间距离函数、相关函数(Correlation Function)或者任何可以衡量两点相似度的函数。由于在高维空间中,欧氏距离函数对高维数据点的相似度衡量作用有限,因此在本章,将 $\mathcal{S}(\cdot)$ 定义为相关函数,即

$$S(\boldsymbol{x}_i,\boldsymbol{x}_j)=\frac{\mathrm{Cov}(\boldsymbol{x}_i,\boldsymbol{x}_j)}{\sqrt{\boldsymbol{x}_i}\sqrt{\boldsymbol{x}_j}}=\frac{E(\boldsymbol{x}_i-E(\boldsymbol{x}_i))E(\boldsymbol{x}_j-E(\boldsymbol{x}_j))}{\sqrt{\boldsymbol{x}_i}\sqrt{\boldsymbol{x}_j}} \tag{5.8}$$

其中, $E(\cdot)$ 是期望函数。

基于式(5.8)选出来的代表点子集的初始点 $\mathcal{X}_0^{(1)*}$,可以利用下式继续逐步选取其余点作为代表点,直至满足终止条件。

$$\mathcal{X}_0^{(i+1)*}=\mathcal{X}_0^{(i)*}\bigcup\underset{\boldsymbol{x}\in\mathcal{X}}{\mathrm{argmax}}f_\lambda(\boldsymbol{x},\mathcal{X}_0^{(i)}) \tag{5.9}$$

由 5.3 节可知,ESC 算法需要用户预先直接指定代表点个数,即 N_0 。然而不同数据集包括的数据点是不同的,因此所选出来的代表点子集也应该是变化的,因此在处理不同数据集时,需要用户不断变换 N_0 。与 ESC 算法不同的是,I-ESC 引入一个新的参数 η 来控制所选的代表点的个数。

$$N_0=\lceil N*\eta\rceil \tag{5.10}$$

其中, $\lceil N*\eta\rceil$ 表示取整函数,且取不大于 $N*\eta$ 的整数。

由式(5.5)可知,计算 $f_\lambda(\boldsymbol{x},\mathcal{X}_0^{(i)})$ 本身是比较复杂的,因为需要计算稀疏优化问题。下面对式(5.5)的函数 $f_\lambda(\boldsymbol{x},)$ 进行分析。

引理 5.1: $f_\lambda(\boldsymbol{x},)$ 函数对于按集合包含顺序排列的集合是单调的,即对于任何 $\varnothing\subset\mathcal{X}_0'\subseteq\mathcal{X}_0''\subseteq\mathcal{X}$,有 $f_\lambda(\boldsymbol{x},\mathcal{X}_0')\geqslant f_\lambda(\boldsymbol{x},\mathcal{X}_0'')$ 。

证明:已知非空集合 $\mathcal{X}$,及其两非空子集 $\mathcal{X}_0',\mathcal{X}_0''$,且有如下关系成立: $\varnothing\subset\mathcal{X}_0'\subseteq\mathcal{X}_0''\subseteq\mathcal{X}$ 。

为了便于表示,对于任一点 $\boldsymbol{x}_i\in\mathcal{X}$,现令函数 $g(\boldsymbol{c}_i)=\|\boldsymbol{c}_i\|_1+\frac{\lambda}{2}\|\boldsymbol{x}_i-\sum_{j:\boldsymbol{x}_i\in\mathcal{X}'}c_{ij}\boldsymbol{x}_j\|_2^2$,则式(5.5)可变换为

$$f_\lambda(\boldsymbol{x}_i,\mathcal{X}_0')=\min_{\boldsymbol{c}_i'\in\mathbf{R}^N}g(\boldsymbol{c}_i',\mathcal{X}_0')$$

注意为了区分,将上式最优解写为 $\boldsymbol{c}_i'$ 。

现假设对于 $\mathcal{X}_0''$,存在一解使得 $f_\lambda(\boldsymbol{x},\mathcal{X}_0')<f_\lambda(\boldsymbol{x},\mathcal{X}_0'')$,说明 $\exists\boldsymbol{c}''$ 满足

$$g(\boldsymbol{c}_i'',\mathcal{X}_0'')>g(\boldsymbol{c}_i',\mathcal{X}_0') \tag{5.11}$$

且 $g(\boldsymbol{c}_i'',\mathcal{X}_0'')$ 为所有 $g(\boldsymbol{c}_i',\mathcal{X}_0')$ 中最小值。

因为 $\varnothing\subset\mathcal{X}_0'\subseteq\mathcal{X}_0''\subseteq\mathcal{X}$

所以

$$g(\boldsymbol{c}'_i, \mathcal{X}''_0) = g(\boldsymbol{c}''_i, \mathcal{X}''_0) \tag{5.12}$$

则进一步有

$$g(\boldsymbol{c}''_i, \mathcal{X}''_0) > g(\boldsymbol{c}'_i, \mathcal{X}''_0) \tag{5.13}$$

这与 $g(\boldsymbol{c}''_i, \mathcal{X}''_0)$ 为所有 $g(\cdot, \mathcal{X}''_0)$ 中最小值相矛盾,因此假设不成立。

故 $f_\lambda(\boldsymbol{x}, \mathcal{X}'_0) \geqslant f_\lambda(\boldsymbol{x}, \mathcal{X}''_0)$。

基于引理 5.1,可以避免在每次循环计算对所有点都计算 $f_\lambda(\boldsymbol{x}, \cdot)$。由算法 5.1 可知,代表子集 $\mathcal{X}_0$ 是逐渐增加的,这意味着 $f_\lambda(\boldsymbol{x}, \mathcal{X}_0^{(i)})$ 是非增的,因此可按照如下方式对 FFS 进行加速:

算法 5.2 FFS 的加速算法

输入:数据集 $\mathcal{X} = [\boldsymbol{x}_1, \cdots, \boldsymbol{x}_N] \subseteq \mathbf{R}^{D \times N}$,参数 $\lambda > 1, \eta$;

1. 按照式(5.7)和式(5.8)选择 $\mathcal{X}_0^{(1)}$;
2. 计算 $b_j = f_\lambda(\boldsymbol{x}_j, \mathcal{X}_0^{(1)})$,其中 $j = 1, 2, \cdots, N$;
3. 计算 $N_0 = \lceil N * \eta \rceil$;

For $i = 1, \cdots, N_0$ **do**

　　将 N 个点的 b 值按从大到小进行排序,排序顺序为 $o_1, \cdots, o_N$,满足当 $p \geqslant q$ 有 $b_{o_p} \geqslant b_{o_q}$,

　　令 max_cost $= 0$,

　　For $j = 1, \cdots, N$ **do**

　　　　令 $b_{o_j} = f_\lambda(\boldsymbol{x}_{o_j}, \mathcal{X}_0^{(i)})$

　　　　If $b_{o_j} >$ max_cost **then**

　　　　　　max_cost $= b_{o_j}$ new_index $= o_j$

　　　　End

　　　　If $j = N$ 或者 max_cost $\geqslant b_{o_{j+1}}$ **then**

　　　　　　中断

　　　　End

　　End

　　$\mathcal{X}_0^{(i+1)} = \mathcal{X}_0^{(i)} \bigcup \{\boldsymbol{x}_{\text{new\_index}}\}$

End

输出:$\mathcal{X}_0^{(N_0)}$

如算法 5.2 所示,在第 2 行,将 $\mathcal{X}$ 中每一个点都计算 $f_\lambda(\boldsymbol{x}_j, \mathcal{X}_0^{(1)})$,由引理 5.1 知这其实是后续 $f_\lambda(\boldsymbol{x}_j, \mathcal{X}_0^{(i)})$ 的上确界。在每次 i 循环,目标是找到使 $f_\lambda(\boldsymbol{x}_j, \mathcal{X}_0^{(i)})$ 最大化的点,并将其吸收进 $\mathcal{X}_0^{(i)}$。依次按照 $\boldsymbol{x}_{o_1}, \cdots, \boldsymbol{x}_{o_N}$ 顺序计算 $f_\lambda(\cdot, \mathcal{X}_0^{(i)})$

同时用变量 max_cost 来追踪 $f_\lambda(\cdot, \mathcal{X}_0^{(i)})$ 的最大值。一旦达到 max_cost $\geqslant b_{o_{j+1}}$，则认为对于任何 $j' > j$，点 $\boldsymbol{x}_{o_{j'}}$ 不会使得 $f_\lambda(\cdot, \mathcal{X}_0^{(i)})$ 更大。这是因为 $f_\lambda(\boldsymbol{x}_{o_{j'}}, \mathcal{X}_0^{(i)}) \leqslant b_{o_{j'}} \leqslant b_{o_{j+1}} \leqslant$ max_cost，从而避免了计算后续 $\boldsymbol{x}_{o_{j'}}$ 的 f_λ 值。

在 $\mathcal{X}_0$ 确认之后，原集合 $\mathcal{X}$ 的子空间聚类结果可以基于 $\mathcal{X}_0$ 得到。具体地，对于每一个属于 $\mathcal{X}$ 的点 $\boldsymbol{x}_i$，按照下式计算：

$$\min_{\boldsymbol{c}_j \in \mathbf{R}^N} \| \boldsymbol{c}_j \|_1 + \frac{\lambda}{2} \left\| \boldsymbol{x}_i - \sum_{j: \boldsymbol{x}_j \in \mathcal{X}_0} c_{ij} \boldsymbol{x}_j \right\|_2^2 \tag{5.14}$$

其中，$\boldsymbol{c}_i$ 称为 $\boldsymbol{x}_i$ 在 $\mathcal{X}_0$ 下的稀疏表示系数，简称表示系数。由定义 5.1 可知，$\boldsymbol{c}_i$ 将具有子空间保持特性，即对于任意两点 $\{\boldsymbol{x}_i, \boldsymbol{x}_j\} \subseteq \mathcal{X}$，$\langle \boldsymbol{x}_i, \boldsymbol{x}_j \rangle \neq 0$ 当且仅当 $\boldsymbol{x}_i, \boldsymbol{x}_j$ 来自同一个子空间。在计算 $\mathcal{X}$ 中每一个点的表示系数后，可以由 K-最近邻方法（K-Nearest Neighbor）来对 $\mathcal{X}$ 的分割。具体地，首先将表示系数进行标准化，即

$$\tilde{\boldsymbol{c}}_i = \frac{\boldsymbol{c}_i}{\| \boldsymbol{c}_i \|_2} \tag{5.15}$$

其次，找到 $\tilde{\boldsymbol{r}}_i$ 的 K 个近邻，即计算内积 $\langle \boldsymbol{c}_i, \boldsymbol{c}_j \rangle$，其中 $j = 1, 2, \cdots, N$ 且 $j \neq i$。并选择 K 个绝对值最大的作为 $\tilde{\boldsymbol{r}}_i$ 的近邻。

然后构建亲密度矩阵 $\boldsymbol{W}$，即

$$\boldsymbol{W} = \boldsymbol{A} + \boldsymbol{A}^T \tag{5.16}$$

其中，当 $\tilde{\boldsymbol{r}}_j$ 是 $\tilde{\boldsymbol{r}}_i$ 的 K 近邻时 $\boldsymbol{A}_{ij} = 1$，否则 $\boldsymbol{A}_{ij} = 0$。

最后运用谱聚类思想对 $\boldsymbol{W}$ 进行分割，从而实现对 $\mathcal{X}$ 集合的聚类。算法 5.3 对 I-ESC 算法进行了总结。

算法 5.3 Improved ESC(I-ESC)算法

输入：数据集 $\mathcal{X} = [\boldsymbol{x}_1, \cdots, \boldsymbol{x}_N] \subseteq \mathbf{R}^{D \times N}$，参数 $\lambda > 1, \eta, K$；

步骤一：通过算法 5.2 确定代表子集 $\mathcal{X}_0$；

步骤二：对于任意点 $\boldsymbol{x}_i \in \mathcal{X}$ 通过式(5.14)计算其稀疏表示系数 $\boldsymbol{c}_i$；

步骤三：通过式(5.15)对表示系数标准化；

步骤四：通过式(5.16)构建亲密度矩阵；

步骤五：对 $\boldsymbol{W}$ 进行谱分割[292,293]来获取对 $\mathcal{X}$ 的聚类结果。

输出：$\mathcal{X}$ 的聚类结果。

I-ESC 算法在 ESC 算法基础上，重点解决了 ESC 算法随机初始化带来的性能极其不稳定的问题。与 ESC 算法类似，I-ESC 算法通过确立一个代表点子集，该代表点子集有效降低了原数据集的不平衡度，从而避免了不平衡度对子空间自保持

特性造成的影响。在该代表点子集上,自保持特性得以更好的利用,并且利用该特性可以有效实现对原集合进行的子空间聚类。

尽管 I-ESC 算法对 ESC 算法的性能进行了改进与提升,但值得注意的是,I-ESC 主要是面对静态数据集的,而无法有效处理数据流。为了扩大 I-ESC 算法的应用范围,在下一节将以 I-ESC 算法为基础,提出 Dynamic I-ESC(DI-ESC)算法,使得 I-ESC 的思想可以应用到处理非平衡数据流中。

5.4.2　Dynamic Improved ESC 算法

与 ESC 算法相比,I-ESC 算法以更强的鲁棒性处理非均衡数据集。然而,I-ESC 算法仍然局限于仅可以处理静态数据集,而不可以用于数据流处理。因此本节将 I-ESC 算法扩展为一个在线算法,称为 DI-ESC(Dynamic Improved Exemplar-based Subspace Clustering)算法。DI-ESC 算法可以对非均衡演化数据流进行在线子空间聚类。

将 I-ESC 扩展成 DI-ESC 算法有三个挑战:①在线聚类算法对计算速度和存储有严格的限制,导致 DI-ESC 算法不能存储所有的历史点。然而,子空间聚类需要存储尽可能多的点利用子空间自保持特性。因此,需要平衡这种矛盾。②I-ESC 算法是批量处理算法,但是要处理数据流需要具有增量处理方式,因此 I-ESC 算法需要改变处理方法。③子空间的演化特性需要被有效地检测与适应。综上,在第 1 小节提出了 DI-ESC 概要,来平衡数据流聚类与子空间聚类关于舍弃点与保存点的矛盾。然后,在第 2 小节解释了 DI-ESC 算法基于 DI-ESC 概要实现在线子空间聚类。最后在 3 小节提出了子空间演化检测策略来确保 DI-ESC 算法检测和适应子空间演化特性。

1. DI-ESC 概要

由于数据流是源源不断流入的,具有潜在无限性,为了节约存储资源,既不可能等到收集所有数据点再统一处理,也不能将所有的点都存储并反复读取。因此需要设计一个概要结构实时存储聚类的结果,数据流概要反映了数据流当前的模式。本节主要介绍 DI-ESC 概要。

DI-ESC 概要压缩存储了数据流的必要历史信息以及可能在后续聚类中用到的关键信息。DI-ESC 概要使得 DI-ESC 算法能够更加简洁灵活地处理数据流。将 DI-ESC 用 S^t 表示,上角标 t 是时间戳,表示 DI-ESC 概要是随着时间变化的。DI-ESC 算法实际上是持续地对数据流挖掘子空间的算法。在每一个时刻,

DI-ESC 算法对已经找到的子空间按是否被最近流入的点访问而分为活跃态与非活跃态。活跃态表示该子空间可以反映数据流当前的部分模式；而非活跃态恰恰相反，表示已经在当前一段时间内没有流入的点访问该子空间。子空间的活跃态与非活跃态随着时间可以相互转化。只有活跃态的子空间的概要信息才可以保存在 DI-ESC 概要中。将活跃态子空间的概要信息表示为 $\mathcal{S}_i$，将非活跃态子空间的概要信息表示为 $\mathcal{D}_i$。假设在 t 时刻，共有 k^t 个活跃子空间与 h^t 个非活跃子空间，则 $\mathbb{S}^t = \{\mathcal{S}_i\}_{i=1}^{k^t}$。DI-ESC 算法为非活跃子空间设置了一个存储池，称为非活跃子空间存储池，表示为 $\mathbb{D}^t$，则 $\mathbb{D}^t = \{\mathcal{D}_i\}_{i=1}^{h^t}$。但值得注意的是，对于活跃以及非活跃子空间来说不是所有的点都值得保存在子空间概要中。相反，子空间概要作为一个对该子空间信息的压缩，应该尽量从宏观对该子空间的历史信息进行压缩表示。

具体地，DI-ESC 对活跃以及非活跃子空间的概要做如下设计：$\mathcal{S}_i = \{n_i^t, \boldsymbol{R}_i^t, \mathcal{T}_i, \Omega_i^t\}$，而 $\mathcal{D}_i^t = [\tilde{n}_i^t, \widetilde{\boldsymbol{R}}_i^t, \widetilde{\mathcal{T}}_i, \widetilde{\Omega}_i^t]$，其中：

- $n_i^t(\tilde{n}_i^t)$ 是截至 t 时刻，分入到第 i 个活跃子空间（非活跃子空间）的点的总个数；

- $\boldsymbol{R}_i^t(\widetilde{\boldsymbol{R}}_i^t)$ 称为活跃子空间（非活跃子空间）的保留矩阵，是截至当前 t 时刻，由第 i 个活跃子空间（非活跃子空间）的一些被选择保留下来的点组成的矩阵；

- $\mathcal{T}_i(\widetilde{\mathcal{T}}_i)$ 记录了截至 t 时刻所有分入第 i 个活跃子空间（非活跃子空间）的点的时间戳；

- $\Omega_i^t(\widetilde{\Omega}_i^t)$ 记录了截至 t 时刻所有分入第 i 个活跃子空间（非活跃子空间）的点的 ASCI 指标。

2. DI-ESC 的静态学习与动态聚类

DI-ESC 是两阶段算法，分为静态学习和动态聚类阶段。静态学习阶段的点称为支撑点，而动态聚类阶段的点称为流入点。

1）静态学习阶段

DI-ESC 算法需要一个必要的静态学习阶段来初步对数据流进行分析，同时完成 DI-ESC 模型的初始化，数据流最初到达的点作为支撑点供 DI-ESC 算法进行静态学习，假设最初到达的 T_0 个点是支撑点。

这些支撑点组成了支撑矩阵 $\boldsymbol{X}_{\text{sup}} = [\boldsymbol{x}_1, \cdots, \boldsymbol{x}_{T_0}]$。由于数据流具有非均衡性

质，$\boldsymbol{X}_{\text{sup}}$ 极可能是非均衡的，因此，选用 I-ESC 算法对支撑矩阵进行子空间聚类。由算法 5.2 可知，I-ESC 算法为 $\boldsymbol{X}_{\text{sup}}$ 确定代表点子集 $\mathcal{X}_0$。将 $\mathcal{X}_0$ 中的代表点存入到各个子空间概要中的保留矩阵中，这些点是该空间中最具有代表性的点，将用于帮助后续流入点寻找合适的子空间。

　　I-ESC 算法通过 $\mathcal{X}_0$ 对支撑矩阵进行子空间聚类，假设共挖掘出 k^{T_0} 个子空间，则可依据聚类结果对各个子空间概要中的变量 n_i 进行初始化。因此，在 T_0 时刻，DI-ESC 通过静态学习阶段完成了对 DI-ESC 概要的初始化，各个子空间概要初始化为

$$\mathcal{S}_i^{T_0} = \{n_i^{T_0}, \boldsymbol{R}_i^{T_0}, \varnothing, \varnothing\}$$

对于非活跃子空间而言，其子空间概要为 $\mathbb{D}^{T_0} = \varnothing$。

　　2）动态聚类阶段

　　在静态学习阶段，DI-ESC 算法对数据流进行了初步学习，并将初步学习结果对 DI-ESC 概要进行初始化。之后，对数据流的处理进入动态聚类阶段。动态处理阶段是对每一个流出点 $\boldsymbol{x}^t (t \geqslant T_0)$ 逐个处理，即在线处理。

　　流入点也许来自已经发现的子空间，也许来自未发现的子空间，甚至也有可能是噪声点。对于来自已经发现的子空间的点，我们称其为在群点（Inlier）；对于来自未发现的子空间或者噪声点，称其为离群点（Outlier）。对于在群点来说，其可能来自活跃子空间也可能来自非活跃子空间。因此，DI-ESC 首先判断流入点是否为在群点。在这里定义表示矩阵 $\boldsymbol{Z}^t = [\boldsymbol{R}_1^t \cdots \boldsymbol{R}_{k^t}^t \widetilde{\boldsymbol{R}}_1^t \cdots \widetilde{\boldsymbol{R}}_{h^t}^t]$，表示矩阵 $\boldsymbol{Z}^t$ 由各个活跃与非活跃子空间的保留矩阵组成，每一个保留矩阵称为 $\boldsymbol{Z}^t$ 的一个子块。对于流入点 $\boldsymbol{x}^t (t > T_0)$ 而言，求取其在矩阵 $\boldsymbol{Z}^t$ 下的稀疏表示系数，即

$$\min \|\boldsymbol{c}^t\|_0 \quad \text{s. t.} \quad \boldsymbol{x}^t = \boldsymbol{Z}^t \boldsymbol{c}^t \tag{5.17}$$

　　实际中，可以用 $\|\cdot\|_1$ 范数对式（5.17）进行松弛，即

$$\min \|\boldsymbol{c}^t\|_1 \quad \text{s. t.} \quad \boldsymbol{x}^t = \boldsymbol{Z}^t \boldsymbol{c}^t \tag{5.18}$$

　　一般，上式可以转化为下面优化问题：

$$\min_{\boldsymbol{c}_i \in \mathbf{R}^N} \|\boldsymbol{c}_i\|_1 + \frac{\lambda}{2} \left\|\boldsymbol{y}_i - \sum_{i \neq j} c_{ij} \boldsymbol{y}_j\right\|_2^2 \tag{5.19}$$

其中，$\lambda > 0$ 是一个输入参数；$\|\cdot\|_1$ 和 $\|\cdot\|_2$ 分别表示 ℓ_1 与 ℓ_2 范数。通过式（5.19）求得最优解 $(\boldsymbol{c}^t)^*$，称其为点 $\boldsymbol{x}^t$ 的稀疏表示向量，简称表示向量，为了简化表示，在后文中，将其表示为 $\boldsymbol{c}^t$。

对于在群点来说，由于数据点的子空间自保持特性，其表示向量将具有块稀疏的特性，即表示向量的非零系数集中在 c^t 的某一个子块，该子块对应于该点所对应子空间的保留矩阵 R 在表示矩阵中的 Z 的位置。而对于离群点，由于该点不属于已发现子空间的点，因此其表示向量不具备块稀疏的性质，其非零向量分散在各个子块。为了衡量表示向量非零系数的集中程度，计算 c^t 的 ASCI 指标。ASCI 指标（定义 4.1）是在第 4 章中提出的重要概念，是目前广泛使用的 SCI 指标的推广。

现将 c^t 代入式（5.15）可得

$$\mathrm{ASCI}(\boldsymbol{c}^t) = \frac{(k^t + h^t) \cdot \max\limits_{j^*}\left(\dfrac{\|\delta_j(\boldsymbol{c}^t)\|_1/\zeta_j}{\sum\limits_{i=1}^{k^t+h^t}\|\delta_i(\boldsymbol{c}^t)\|_1/\zeta_i}\right) - 1}{(k^t + h^t) - 1} \tag{5.20}$$

根据定义 4.1，$\mathrm{ASCI}(\boldsymbol{c}^t) \in [0,1]$ 且 ASCI 值越高表示 c 的非零系数越集中在某一子块，那么说明流入点越有可能来自该子块对应的子空间。为了简化表示，下文将 $\mathrm{ASCI}(\boldsymbol{c}^t)$ 表示为 $\omega(\boldsymbol{c}^t)$。DI-ESC 引入门限 τ 对在群点与离群点进行判断。DI-ESC 认为流入点 $\boldsymbol{x}^t$ 为在群点，若其表示向量 $\boldsymbol{c}^t$ 满足

$$\omega(\boldsymbol{c}^t) \geqslant \tau \tag{5.21}$$

否则，DI-ESC 认为 $\boldsymbol{x}^t$ 为离群点。

对于在群点，其可能是来自活跃子空间或非活跃子空间，因此进一步计算将 $\boldsymbol{x}^t$ 分配到各个子空间所带来的残差，选择最小的残差空间作为 $\boldsymbol{x}^t$ 的子空间，即解决下列优化问题：

$$\min_{j^*} r_j(\boldsymbol{x}^t) \triangleq \|\boldsymbol{x}^t - \boldsymbol{Z}^t \delta_j(\boldsymbol{c}^t)\|_2 \tag{5.22}$$

其中，$r_j(\cdot)$ 是将 $\boldsymbol{x}^t$ 分到第 j 个子空间所带来的残差；$\delta_j(\cdot): \mathbb{R}^n \to \mathbb{R}^n$ 是将 $\boldsymbol{c}^{*t}$ 的第 j 个子块（$j \in [1, l^t + h^t]$）对应的系数保留并将其余子块系数置 0 的函数。该优化问题意味着将 $\boldsymbol{x}^t$ 分配到残差最小的子空间内。式（5.22）的最优解 j^* 对应着矩阵 $\boldsymbol{Z}^t$ 的第 j^* 个子部分。

若 $j^* \leqslant k^t$，则说明 $\boldsymbol{x}^t$ 属于活跃子空间，相应的子空间概要 $\mathcal{S}_{j^*}$ 需要进行更新，更新规则如下：

$$\begin{cases} n_{j^*}^{t+1} = n_{j^*}^t + 1 \\ \mathcal{T}_{j^*}^{t+1} = \mathcal{T}_{j^*}^t \bigcup t \\ \Omega_{j^*}^{t+1} = \Omega_{j^*}^t \bigcup \omega(\boldsymbol{x}^t) \end{cases} \tag{5.23}$$

类似地,若 $j^* > k^t$,则说明 $\boldsymbol{x}^t$ 属于非活跃子空间,相应的第 $j^* - k^t$ 个非活跃子空间的子空间概要需要更新 $\mathcal{D}_{j^* - k^t}$,其更新规则为

$$\begin{cases} \tilde{n}_{j^*-k^t}^{t+1} = \tilde{n}_{j^*-k^t}^t + 1 \\ \tilde{\mathcal{T}}_{j^*-k^t}^{t+1} = \tilde{\mathcal{T}}_{j^*-k^t}^t \bigcup t \\ \tilde{\Omega}_{j^*-k^t}^{t+1} = \tilde{\Omega}_{j^*-k^t}^t \bigcup \omega(\boldsymbol{x}^t) \end{cases} \tag{5.24}$$

离群点并不意味着是毫无价值的点,因为未被发现的子空间的点会被当作离群点。因此,为了能够不断挖掘新的子空间,DI-ESC 不直接将离群点删去,而是将离群点暂时存储在离群点存储池 $\mathcal{O}^t$ 中,具体地: $\mathcal{O}^t = \{\mathcal{O}^i\}_{i=1}^{n_o^t}$ 且 $\mathcal{O}^i = \{\boldsymbol{x}^i, \omega^i, t_i\}$,其中 n_o^t 是 t 时刻离群点的个数。

3. 子空间演化的在线检测

演化是数据流最基本的特征,DI-ESC 算法重点关注急速演化(Abrupt Evolution),具体考虑三种演化形式,即子空间出现、子空间消失与子空间复现。在第 4 章中,已经充分论证了基于 PH 检测与衰减函数的子空间演化检测的有效性,类似地,DI-ESC 算法依然采取类似结构。

1) 基于 PH 检测的子空间出现与子空间复现检测

基于第 4 章分析可知,PH 检测可以有效检测子空间出现与复现,但需要对 PH 检测中的参数 p 进行合理设置。子空间出现即在短时间内有大量的离群点被放置在离群点存储池中,因此,定义变量 p^t:

$$p^t = \sqrt{\frac{1}{n_o^t} \sum_{i=1}^{n_o^t} (1 + \log(t_i - t_{i-1})) \left(\omega_{t_i} - \frac{1}{n_o^t} \sum_{k=1}^{n_o^t} \omega_{t_k} \right)^2} \tag{5.25}$$

其中,n_o^t 是离群点存储池中的离群点个数。当短时间内存在大量离群点涌入离群点存储池时,p^t 会出现一个下降的趋势,并且这种变化能够被 PH 检测所捕捉。

当检测到子空间出现时,DI-ESC 算法对离群点存储器进行挖掘处理。将离群点按列组成矩阵 $\boldsymbol{O} = [\boldsymbol{x}_1 \boldsymbol{x}_2 \cdots \boldsymbol{x}_{n_o^t}]$,利用 I-ESC 算法(算法 5.3)对 $\boldsymbol{O}$ 进行处理得到聚类结果,将结果表示为 $\mathbb{S}_*$,则需要将 $\mathbb{S}_*$ 更新到 DI-ESC 概要中,即

$$\mathbb{S}^t \leftarrow \mathbb{S}^t \bigcup \mathbb{S}_* \tag{5.26}$$

子空间复现是指非活跃子空间再次转为活跃状态,这种现象在演化数据流中是经常发生的,因为随着时间的不断流逝,始终保持活跃的模式是极少数的。对于

每一个非活跃子空间,定义变量 $\dot{p}_m^t$,即

$$\dot{p}_m^t = \sqrt{\frac{1}{\tilde{n}_m^t}\sum_{i=1}^{\tilde{n}_m^t}(1 + \log(t_i - t_{i-1}))} \tag{5.27}$$

当检测到有子空间复现时,则需将该子空间概要中的 $\tilde{\mathcal{T}}_m^t$ 以及 $\tilde{\Omega}_m^t$ 清空,然后将该非活跃子空间更新到 DI-ESC 概要中,即

$$\begin{cases} \mathbb{S}^t \leftarrow \mathbb{S}^t \cup \{\mathcal{D}_m^t\} \\ \mathbb{D}^t \leftarrow \mathbb{D}^t \backslash \{\mathcal{D}_m^t\} \end{cases} \tag{5.28}$$

2)基于衰减函数的子空间消失

子空间消失意味着子空间已经在相当一段时间内没有被流入点访问,即由活跃态转化为非活跃态。DI-ESC 对所有活跃子空间的被访问时间进行监测,并计算子空间最近一次被访问的时间与当前时间的时间间隔,将这段时间间隔称为静默间隔,DI-ESC 为每个活跃子空间定义了变量 $\ddot{p}_l^t$,即

$$\ddot{p}_l^t = 1 - \frac{1}{1 + e^{-(t - \max\{\mathcal{T}_l^t\} - \beta)}} \tag{5.29}$$

其中,$\max\{\mathcal{T}_l^t\}$ 是 l 子空间最后一次被流入点访问的时间。参数 β 被引入用来控制 DI-ESC 算法对活跃子空间的静默间隔的容忍度。β 参数越大,表示 DI-ESC 对活跃子空间的静默间隔容忍度越大。

DI-ESC 对所有活跃子空间的 $\ddot{p}_l^t$ 进行监测,并以 0.5 为门限,当 $\ddot{p}_l^t \geqslant 0.5$ 时,则认定子空间依然保持活跃状态;反之,则判定该子空间已由活跃态转为非活跃态。当判定 l 子空间为非活跃态时,清空其相应的 $\mathcal{T}_m^t$ 以及 Ω_m^t,将其从 DI-ESC 中移出,暂存在非活跃子空间存储池中,即

$$\begin{cases} \mathbb{D}^t \leftarrow \mathbb{D}^t \cup \{\mathcal{D}_l^t\} \\ \mathbb{S}^t \leftarrow \mathbb{S}^t \backslash \{\mathcal{S}_l^t\} \end{cases} \tag{5.30}$$

3)DI-ESC 算法流程

本节对 DI-ESC 算法做总结。算法 5.4 为算法的伪代码,同时,将算法的框架展示在图 5.3 中。

DI-ESC 算法主要分为三个主要步骤,首先对支撑点进行静态学习,并利用 I-ESC 算法对 DI-ESC 算法进行初始化。

然后,DI-ESC 进入动态聚类阶段,开始逐一处理流入点。对于每一个流入点,

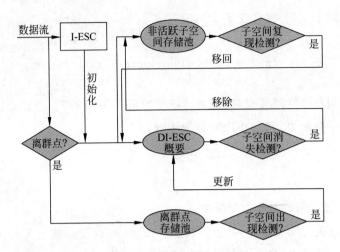

图 5.3　DI-ESC 算法框架

通过式(5.19)和式(5.20)计算其 ASCI 值。通过式(5.21)判定流入点是否为在群点。若为在群点,则计算其在各个子空间表示下的残差,通过式(5.22)将其分入相应子空间,同时更新相应子空间概要 S 或者 D。若判定为离群点,则将该点更新到离群点存储池 O 中。

接着,DI-ESC 对数据流进行演化检测,分别采用基于 PH 检测的子空间出现[式(5.25)]和子空间复现[式(5.27)]以及基于衰减函数的子空间消失检测[式(5.29)],并对 S、D 以及 O 作相应的更新。

算法 5.4　DI-ESC 算法

输入:数据流 $x^1,\cdots,x^t,\cdots$;支撑点数目 T_0;门限 β,τ,f;$S\leftarrow\varnothing$,$D\leftarrow\varnothing$,$O\leftarrow\varnothing$;

步骤一:通过算法 5.3 对支撑点进行处理,使得 DI-ESC 概要初始化,即得到 S^{T_0}。

步骤二:对每一个流入点 $x^t(t>T_0)$通过式(5.19)和式(5.20)计算其 ASCI 值,即得到 $\omega(c^{*t})$。

步骤三:通过式(5.21)对流入点 x^t 判定是否为离群点。若判定为在群点,则通过计算式(5.22)将 x^t 分入相应子空间,同时更新相应子空间概要 S 或者 D。若判定为离群点,则更新 O。

步骤四:进行子空间演化检测:计算 $\dot{p}_m^t,p^t$ 并通过 PH 检测分别对子空间出现、子空间复现进行检测。若被触发,则相应地更新 S、D 和 O。计算 $\ddot{p}_l^t$,并对每一个活跃子空间进行类消失检测,若 $\ddot{p}_l^t\geqslant0.5$ 则判定该子空间转为非活跃子空间,则相应更新 S 和 D;

输出:数据流在线聚类结果。

5.5　仿真实验与分析

本节利用实测数据对 I-ESC 算法以及 DI-ESC 算法分别在处理非均衡静态数据以及非均衡演化数据流的性能进行验证。同时,依然选择在第 4 章中采用的数据流聚类领域内最先进的算法作为 DI-ESC 算法的对比算法,具体包括 SSSC[205]、SLRR[205]、SLSR[205] 以及数据流聚类领域极具代表性的算法 CEDAS[239] 和 STRAP[193]。本节分为四部分,5.5.1 节对实验采用的数据集以及各个算法的主要参数设置进行简要介绍与说明。在 5.5.2 节中选用 ESC 算法作为对比算法,对 I-ESC 算法性能进行验证与分析。5.5.3 节主要对 DI-ESC 算法的性能进行仿真验证与分析。5.5.4 节对 DI-ESC 算法进行参数敏感度的分析与讨论。

5.5.1　数据集及实验设置

1. 数据集简介

本节继续采用在第 4 章提到的雷达辐射源数据作为测试数据。本实验用到的静态数据和数据流均基于该实测数据生成得到。在验证 I-ESC 算法性能时,由于 I-ESC 算法只能处理静态数据集,因此将前 4 个辐射源(R1～R4)视为过表达辐射源,而将其余的辐射源(R5～R8)视为欠表达辐射源。在不同的不平衡度,即 γ,生成了具有不同不均衡度的静态数据集,用于验证和比较 I-ESC 算法对不同非均衡数据流的处理性能。

除了上述的静态数据集,本实验还基于实测数据生成了 4 个不同的非均衡演化数据流,分别表示为 DS4～DS7,用来验证 DI-ESC 算法以及对比算法对不同的非均衡演化数据流的处理性能。DS4～DS7 数据流的主要信息总结在表 5.1 中。如表所示,DS4～DS7 主要的演化性质为出现,其中 DS4 与 DS5 数据流在开始阶段包括 4 个子空间,随后又有 4 个子空间出现。而 DS6 数据流在开始阶段包括 2 个子空间,随后共有 6 个子空间出现。DS7 数据流是最复杂的数据流,具有子空间出现、消失与复现三种演化形式。DS4～DS7 数据流更具体的演化性质介绍将在具体实验中阐述。

表 5.1　非均衡演化数据流（DS4～DS7）的主要信息

数　据　流	演　化　性　质	初始子空间个数	子空间总数
DS4	子空间出现	4	8
DS5	子空间出现	4	8
DS6	子空间出现	2	8
DS7	子空间出现/消失/复现	8	8

2. 对比算法与评价指标

在 I-ESC 算法性能验证实验中，采用 ESC 算法[220]作为对比算法，目的是验证 I-ESC 算法处理非均衡数据集的有效性。而在 DI-ESC 的性能验证中，采用五种最先进的数据流聚类算法 CEDAS[239]，STRAP[193]，SSSC[205]、SLSR[205]和 SLRR[205]。除此之外，在 ESC 算法基础上提出了 D-ESC 算法作为 DI-ESC 算法的对比算法。D-ESC 与 D-IESC 有基本相同的框架，唯一不同之处是在静态学习阶段的学习算法不同，分别采用 ESC 算法和 I-ESC 算法。通过 DI-ESC 与 D-ESC 算法对比，可以进一步验证 I-ESC 算法的优越性。CEDAS 和 STRAP 分别是典型的基于密度和基于距离的数据流聚类算法。SSSC、SLSR 和 SLRR 算法是三种最先进的基于表示的子空间聚类算法，在处理高维数据流具有良好的效果。

本实验采用聚类质量（Cluserting Quality）来对各个算法的性能进行评估。聚类质量包括正确率（Accuracy）和 NMI，是通过实际聚类结果与真实标签计算得到的，具体计算公式在 4.4.1 节中进行了详细介绍。NMI 和 Accuracy 取值均在 0～1，数值越大表示聚类结果越贴近真实标签，从而说明聚类效果越好。本实验的 NMI 和 Accuracy 值是对每一个实验独立重复 50 次，然后取 NMI 和 Accuracy 的平均值得到的。整个实验是在装配 2.3GHz 的 CPU 与 4G 主存的个人计算机的 MATLABR2016b 软件上执行的。

5.5.2　I-ESC 算法性能验证与分析

本节主要对 I-ESC 在处理非均衡数据集的性能进行验证与分析。将 I-ESC 与 ESC 算法同时作用不同非均衡度的数据流（$\gamma=4,5,\cdots,10$），结果如图 5.4 所示。

由图 5.4 分析可得，I-ESC 算法可以有效处理非均衡数据集，且其性能要超过 ESC 算法。同时，I-ESC 算法的性能十分稳定，50 次重复实验结果的方法几乎为 0。而 ESC 算法的性能波动相对比较大。这主要是由于 ESC 算法随机初始化的原因，导致其性能对随机初始化很敏感，使得 ESC 算法很难具有较好的聚类效果。

而 I-ESC 算法对 ESC 算法进行了改进,通过式(5.7)避免了随机初始化带来的影响。

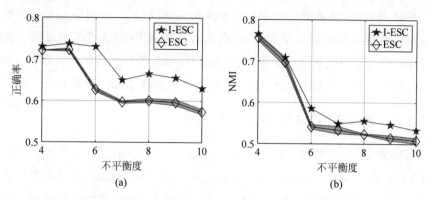

图 5.4 I-ESC 与 ESC 算法对不同非均衡度($\gamma = 4, 5, \cdots, 10$)的数据集处理结果的聚类质量

数据集的非均衡度对 I-ESC 以及 ESC 算法具有较大的影响。如图 5.4 所示,随着不平衡度的持续增加,I-ESC 算法和 ESC 算法的性能都会随之降低。例如,当 $\gamma = 4$ 时,I-ESC 算法结果的 Accuracy 值为 0.7309,NMI 值为 0.7684;ESC 算法的 Accuracy 值为 0.7210,NMI 值为 0.7550。然而,当 $\gamma = 10$,I-ESC 算法结果的 Accuracy 的值降低为 0.6300,NMI 值为 0.5336;而对于 ESC 算法而言,其结果的 Accuracy 为 0.5736,NMI 值为 0.5081。

除此之外,为了研究由参数 η 控制的代表点子集大小对 I-ESC 算法的影响,下面进一步研究不同 η 下,I-ESC 与 ESC 算法对数据集的处理性能,其中数据集的非均衡度为 4,两种算法处理结果的聚类质量如图 5.5 所示。由图 5.5 可知,I-ESC

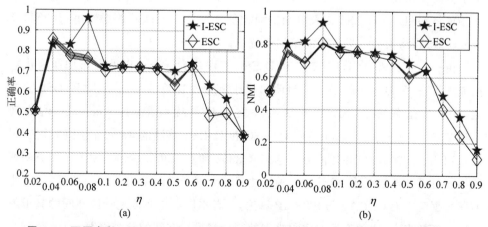

图 5.5 不同参数η下,I-ESC 与 ESC 算法对非均衡数据集处理结果的聚类质量($\gamma = 4$)

和 ESC 算法的性能随着 η 变化趋势与理论分析一致,随着 η 增加,两种算法的聚类质量整体呈现下降趋势。这主要是由于随着 η 增加,代表点子集中的代表点的个数不断增加,导致代表点子集本身的不平衡度持续增加,特别当 η 足够大时,代表点子集的规模将与原集合相当,具有很高的非平衡度,因此性能会下降。然而,这并不意味着 η 应当设置得足够小,因为 η 过小,导致被选择的代表点数目极少,这样数量不充足的代表点对整个子空间的刻画是不足够的,反而会导致性能的下降。

5.5.3 DI-ESC 算法性能验证与分析

本节将对 DI-ESC 算法的性能进行验证与分析,同时通过与对比算法的对比,验证 DI-ESC 的优越性。在第 1 小节,重点验证 DI-ESC 对基本的演化数据流,即只具有子空间出现演化形式的处理性能;而在第 2 小节中,将验证 DI-ESC 算法对更复杂的演化数据流的处理性能。

1. 对基本的演化数据流的子空间聚类

本节将 DI-ESC 与其余对比算法作用于 DS4～DS6 数据流,DS4～DS6 数据流的演化特性如图 5.6 所示。在图 5.6 中,X 轴是数据流的时间戳,Y 轴代表不同的子空间,按编号 1～8 进行区分。可以看到,按照演化性质,DS4 分为 2 个阶段,分别用 P1、P2 表示。P1 阶段为 DS4 初始阶段,共有 4 个子空间存在,在 P2 阶段,另有 4 个子空间出现。DS2 数据流按照演化性质,可明显分为 3 个阶段(分别对应 P1～P3),P1 阶段有 4 个子空间存在,在 P2 与 P3 阶段分别有 2 个新的子空间出现。DS6 数据流按照演化性质可分为 4 个阶段(分别对应 P1～P4),P1 阶段仅有 2 个子空间存在,随后在 P2 至 P4 阶段,每个阶段分别有 2 个新的子空间出现。

现将 DI-ESC、D-ESC 以及其余的对比算法对 DS4～DS6 数据流进行处理,经重复实验后,将聚类结果质量的平均值统一记录在表 5.2 中。

由表 5.2 分析可知,DI-ESC 和 D-ESC 算法作为两个可以处理非均衡演化数据流的算法,两种算法的聚类质量明显优于其余对比算法。比如,对于 DS4 数据流,其余对比算法中,SLSR 算法的性能达到最优效果,其 Accuracy 值达到 0.5903,NMI 值达到 0.4386。而 DI-ESC 和 D-ESC 算法的 Accuracy 值分别达到 0.7714 和 0.6760,而 NMI 值分别达到 0.8362 和 0.7593。SSSC、SLRR、SLSR 算法尽管可以处理数据流,但是这三种算法只能处理子空间结构不变的数据流,即非演化数据流。而 CEDAS 与 STRAP 算法,二者本质上是在传统欧氏空间的基于距离度量下的聚类,这种聚类方式很难有效刻画高维子空间的分布情况。

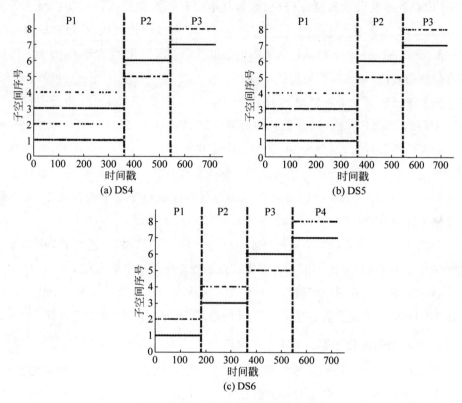

图 5.6 DS4～DS6 数据流的演化性质

表 5.2 不同算法对三种基本演化数据流（DS4～DS6）的处理结果的性能对比

数据流	DS4			DS5			DS6		
算 法	Acc. /%	NMI /%	时间 /s	Acc. /%	NMI /%	时间 /s	Acc. /%	NMI /%	时间 /s
DI-ESC	**77.14**	**83.62**	1.36	**80.49**	**81.46**	1.48	**76.88**	**78.98**	1.72
DIESC	67.60	75.93	1.24	74.57	80.30	1.18	75.73	77.85	1.54
SSSC	58.47	43.48	11.03	59.02	43.48	10.01	25.00	16.48	7.24
SLRR	59.02	43.48	13.07	59.02	43.48	10.78	25.00	16.48	3.07
SLSR	59.03	43.86	**0.52**	59.03	43.86	**0.62**	25.00	16.48	**0.53**
CEDAS	26.81	41.08	1.98	26.39	41.49	2.01	27.08	42.82	2.07
STRAP	26.25	36.17	1.11	26.94	36.43	1.16	28.61	34.59	0.78

随着数据流演化程度的加剧，子空间出现的次数增加，算法对数据流处理结果的聚类质量整体是降低的，由此可见数据流的演化实际上影响了算法的处理性能，

但 DI-ESC 算法受波动程度比较小,因为其本身具有演化检测的机制。而 SSSC、SLRR、SLSR 影响波动比较大,因为它们本身不具备演化检测机制,很难适应高强度的演化。CEDAS 和 STRAP 算法理论上也可以处理演化数据流,但由于传统距离度量的局限性,导致其聚类质量不高。

除了 SLSR 算法,其余对比算法与 DI-ESC 和 D-ESC 相比,需要接近(如 CEDAS 和 STRAP 算法)以及更长的处理时间(如 SSSC、SLRR)。一般地,SSSC 需要最长的处理时间,因为 SSSC 的初始化是基于 SSC 算法[203]完成的,该算法的计算复杂度很高,导致整体算法的效率很慢。而 DI-ESC 与 D-ESC 的初始化主要分别依托 I-ESC 和 ESC 完成,这两种算法通过在代表点子集中进行优化,而不是在原始集合中,从而节约了计算时间。

需要指出的是,DI-ESC 算法的性能明显优于 D-ESC 算法,这是由于 I-ESC 算法对支撑点的处理结果要比 ESC 算法对支撑点的处理结果更准确且稳定。D-IESC 算法比 D-ESC 算法消耗时间略微多一些的主要原因是 I-ESC 算法对第一个代表点的选择不是随机化,而是需要通过式(5.7)来确定,从而引入了额外的计算时间。

2. 对复杂的演化数据流的子空间聚类

本节进一步探讨分析 DI-ESC 算法对更复杂的非均衡演化数据流的处理性能。实验采用 DS7 数据流,DS7 数据流同时具有子空间出现、子空间消失以及子空间复现三种演化形式,按照演化特性,DS7 数据流主要分为三个阶段(分别用 P1、P2 以及 P3 对应表示),如图 5.7 所示。在 P1 阶段,共有 8 个子空间出现,可以观察 8 个子空间的点的分布是不均衡的。从 $t=500$ 开始,有 4 个子空间陆续地开始消失,随后在 P3 阶段,之前消失的子空间陆续复现,直到最后有 8 个子空间存在。

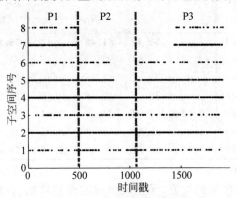

图 5.7　DS7 数据流的演化性质

现将 DI-ESC 算法及对比算法作用于 DS7 数据流,来验证 DI-ESC 算法检测处理演化数据流的有效性和优越性。

在每一个算法独立重复实验之后,将各个算法检测到的子空间数目变化绘制在图 5.8 中。如图 5.8(a)所示,DI-ESC 成功地检测到 DS7 数据流潜在的子空间结构,最开始有 8 个子空间被成功检测出,随后 DI-ESC 成功检测出子空间的消失,直到在 $t=1000$ 附近检测出子空间仅剩 4 个,随后检测出子空间的复现,在数据流末端,再次检测到 8 个子空间。图 5.8(b)是 SSSC、SLRR 与 SLSR 三种算法对数据流变化的检测图,可以观察到,在最开始三者成功检测到了 8 个子空间,但随后,三种算法检测下的子空间结构不再发生变化,这是因为三种算法由于缺少对数据流变化的检测适应机制,从而导致仅能处理非演化数据流。而图 5.8(c)是 CEDAS

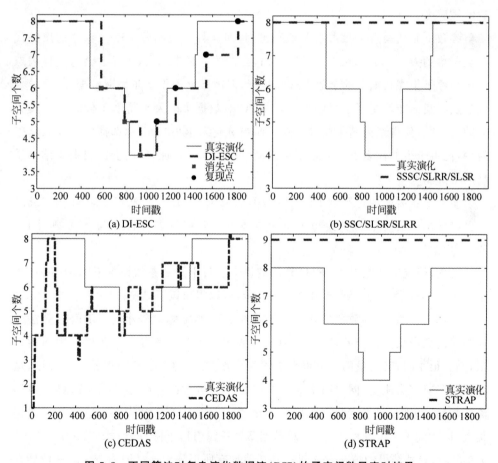

图 5.8　不同算法对复杂演化数据流(DS7)的子空间数目实时结果

算法对数据流变化的检测图,尽管理论上 CEDAS 算法能够检测类的出现与消失,然而,由于其基于传统距离度量,难以刻画子空间的结构,导致其对子空间的聚类效果不理想。类似地,STRAP 算法[图 5.8(d)]也是基于传统距离度量的聚类算法,其在初始阶段的聚类效果就不理想,所发现的类远远高于实际子空间的数量,随后,由于 STRAP 缺乏有效的子空间演化检测与适应机制,导致其挖掘的类数始终保持不变。

5.5.4　DI-ESC 算法参数敏感度分析

对于 DI-ESC 算法而言,共有三个主要参数,包括 η、τ 和 f,对 DI-ESC 性能产生较大的影响。因此,本节重点通过仿真实验来分析讨论 DI-ESC 算法对主要参数的敏感度。

参数 η 是代表点个数占原点集的比例,即参数 η 控制着 I-ESC 算法选出的代表点子集的大小。由 5.5.2 节分析已知,当参数 η 越来越大,实际上会造成代表点子集与原子集在数据点的个数上逐渐接近,但由于原子集是非均衡数据集,会导致代表点子集的非均衡度不断增加,而 I-ESC 对数据集的聚类是基于代表点子集完成的,因此会使得聚类结果质量下降。而当 η 越来越小时,表示选择的代表点越来越少,但过于少的代表点会导致不足以刻画子空间的特征,反而会造成聚类结果质量的下降。

参数 η 主要是通过影响 I-ESC 算法而间接对 DI-ESC 算法产生影响,在 5.5.2 节已经给出了更完整的实验与分析。本节的实验将重点分析 τ 与 f 参数对 DI-ESC 算法的影响。

首先,研究 τ 参数对 DI-ESC 算法的影响。将不同 τ 参数设置下的 DI-ESC 算法作用于 DS7 数据流。结果如图 5.9 所示,可以得出以下结论。

如图 5.9 所示,参数 τ 从 0.5 变化到 0.95。当 τ 相对较小时,DI-ESC 算法处理结果的聚类质量比较差,这是因为 τ 参数实际控制了离群点与在群点判断的门限,当 τ 很小时,有大量的离群点会被误判为在群点而被误分进 DI-ESC 概要中,这不仅会影响聚类质量,同时由于大量的离群点被当作在群点,造成 DI-ESC 对数据流的演化,特别是对子空间出现极其不敏感。然而这并不意味着 τ 应该被设置得很大,因为随着 τ 不断增大,可以观察到聚类质量有所下降,例如,图 5.9 中,当 $\tau >$ 0.8 之后,聚类结果的 Accuracy 与 NMI 值均有所下降。这是因为较大的 τ 值导致很多在群点被判断为离群点,这势必会导致聚类质量的直接下降,同时在群点被误

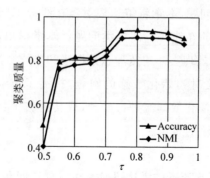

图 5.9　DI-ESC 算法对 τ 的敏感度

认为离群点会影响后续聚类。

参数 f 控制着 DI-ESC 算法对数据流演化的敏感度。图 5.10 为不同 f 参数下 DI-ESC 算法对 DS4 处理结果的聚类质量。如图 5.10 所示,当 f 参数很小时,PH 的检测极容易被触发导致 DI-ESC 算法对演化极其敏感,从而使得聚类质量不是很高,同时降低 DI-ESC 算法的稳定性。而随着 f 参数不断增大,DI-ESC 对数据流的演化变得极其不敏感,造成新的子空间无法被挖掘,大量的离群点堆积在离群点存储池中,造成了聚类质量的下降。

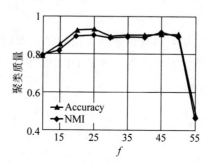

图 5.10　DI-ESC 算法对 f 的敏感度

本章小结

在现实世界的雷达辐射源信号分选任务中,往往极难预先获得非合作源的信号样本用来训练,同时由于各个辐射源的工作任务不同,往往接收到的信号样本在各个辐射源的数量分布是极其不均衡的,这些实际问题给雷达辐射源信号分选带来很大的挑战。

为了解决上述实际问题,本章将雷达辐射源在线分选问题转化为对具有类均衡且演化性质的数据流的在线子空间聚类问题。本章提出两种算法,即 I-ESC 算法与 DI-ESC 算法,分别处理类非均衡静态数据集和非均衡演化数据流。I-ESC 算法有效解决了 ESC 算法对初始化敏感的问题,提高了 ESC 算法的鲁棒性。DI-ESC 算法能够对非均衡演化数据流进行处理,成功突破了目前数据流算法普遍无法处理非均衡演化数据流的瓶颈。

本章主要内容包括:

① 本章首先对类不均衡下的雷达辐射源在线分选问题进行分析与建模,从理论上定义辐射源的演化特性与不平衡特性,提出不平衡度的概念,为后续问题建立理论模型基础。

② 本章首先从理论上分析 ESC 算法性能不稳定的原因,提出 I-ESC 算法,I-ESC 算法通过式(5.7)解决 ESC 算法的随机初始化问题,同时引入参数 η 实现选取代表点数目的自适应化。相比 ESC 算法,I-ESC 算法的性能更加稳定。

③ 本章提出 DI-ESC 算法,实现在类不均衡条件下的雷达辐射源在线分选。DI-ESC 算法通过在线更新维护 DI-ESC 概要实现对数据流模式的实时表达,同时对于子空间出现、子空间消失以及子空间复现三种最典型的子空间演化形式可实现精准检测与适应。

④ 本章利用实测雷达辐射源数据进行大量的仿真实验,验证对比 I-ESC 算法相比于 ESC 算法的优越性。同时也充分验证 DI-ESC 算法在类不均衡条件下对雷达辐射源在线分选的合理性。

参 考 文 献

[1] 刘锋,黄宇,王泽众,等.复杂调制信号截获,分选与识别[M].北京:国防工业出版社,2015.

[2] 国强.复杂环境下未知雷达辐射源信号分选的理论研究[D].哈尔滨:哈尔滨工程大学,2007.

[3] Gherman L. Electronic warfare in information age[J]. Review of the Air Force Academy, 2014(3):27.

[4] 何明浩,韩俊.现代雷达辐射源信号分选与识别[M].北京:科学出版社,2016.

[5] 陈韬伟.基于脉内特征的雷达辐射源信号分选技术研究[D].成都:西南交通大学,2010.

[6] 朱斌.雷达辐射源信号特征提取与评价方法研究[D].成都:西南交通大学,2015.

[7] Saperstein S,Campbell J. Signal recognition in a complex radar environment[J]. Electronic, 1977,3:8.

[8] 李合生,韩宇,蔡英武,等.雷达信号分选关键技术研究综述[J].系统工程与电子技术, 2005,27(12):2035-2040.

[9] 曾成金.脉冲雷达信号分选概述[J].电信技术研究,2002,(12):25-30.

[10] 王杰贵,靳学明.现代雷达信号分选技术综述[J].雷达科学与技术,2006,4(2):104-120.

[11] Mardia H K. New techniques for the deinterleaving of repetitive sequences[C]. IEE Proceedings F(Radar and Signal Processing). IET Digital Library,1989,136(4):149-154.

[12] Milojević D J,Popović B M. Improved algorithm for the deinterleaving of radar pulses[C]. IEE Proceedings F(Radar and Signal Processing). IET Digital Library,1992,139(1): 98-104.

[13] Nelson D. Special purpose correlation functions for improved signal detection and parameter estimation[C]. 1993 IEEE International Conference on Acoustics,Speech,and Signal Processing. IEEE,1993,4:73-76.

[14] 陈国海.基于脉冲序列间隔变换的重复周期分选方法[J].雷达与对抗,2006,(1):52-54.

[15] 王海滨,马琦.一种基于 PRI 变换的雷达信号分选方法[J].现代电子技术,2013,36(1): 28-31.

[16] 王兴颖,杨绍全.基于脉冲重复间隔变换的脉冲重复间隔估计[J].西安电子科技大学学报,2002,29(3):355-359.

[17] 杨文华,高梅国.基于 PRI 的雷达脉冲序列分选方法[J].现代雷达,2005,27(3):50-52.

[18] 周斌.基于 PRI 的脉冲序列去交错方法[J].电子对抗技术,2002,17(6):24-27.

[19] 邹顺,张群飞,靳学明.基于 PRI 变换的雷达信号分选[J].计算机仿真,2006,23(6): 41-44.

[20] 樊甫华,张万军,谭营.基于累积变换的周期性对称调制模式的快速自动搜索算法[J].电子学报,2005,33(7):1266-1270.

[21] 胡来招.雷达侦察接收机设计[M].北京:国防工业出版社,2000.

[22] 刘鑫,司锡才.基于平面变换的雷达脉冲信号分选算法[J].应用科技,2008,35(10):

12-16.

[23] 孟建,胡来招.用于信号处理的重复周期变换[J].电子对抗技术,1998,13(1):1-7.

[24] 赵仁健,龙德浩,熊平,等.密集信号分选的平面变换技术[J].电子学报,1998,26(1):77-82.

[25] 赵仁健,熊平.大脉冲重复周期调幅信号的压缩平面变换技术[J].四川大学学报:自然科学版,1997,34(2):172-176.

[26] 陈晟,姜秋喜,潘继飞.雷达 PRI 调制样式识别新方法[J].航天电子对抗,2012,28(1):31-34.

[27] 胡国兵,胥嘉佳,李岳衡,等.雷达调制信号分析与处理技术[M].北京:人民邮电出版社,2014.

[28] 韩国成,吴顺君.雷达信号脉内调制特征的时频分析[J].航天电子对抗,2004(3):34-37.

[29] Lang S W,Musicus B R. Frequency estimation from phase differences[C]. International Conference on Acoustics,Speech,and Signal Processing. IEEE,1989:2140-2143.

[30] 黄知涛,周一宇,姜文利.基于相对无模糊相位重构的自动脉内调制特性分析[J].通信学报,2003,24(4):153-160.

[31] 王丰华,黄知涛,姜文利.一种有效的脉内调制信号识别方法[J].信号处理,2007,23(5):686-689.

[32] 王功明.雷达信号脉内特征分析与识别关键技术研究[D].郑州:战略支援部队信息工程大学,2019.

[33] 张国柱.雷达辐射源识别技术研究[D].长沙:国防科学技术大学,2005.

[34] 曾德国.低截获概率雷达信号侦收技术研究[D].成都:电子科技大学,2012.

[35] 曾德国,熊辉,龙柯宇,等.基于相位差分的脉内调制信号类型识别[J].电子测量与仪器学报,2009(10):85-90.

[36] Ho K C,Prokopiw W,Chan Y T. Modulation identification of digital signals by the wavelet transform[J]. IEE Proceedings-Radar,Sonar and Navigation,2000,147(4):169-176.

[37] Mingqiu R,Jinyan C,Yuanqing Z,et al. Radar signal feature extraction based on wavelet ridge and high order spectra analysis[C]. 2009 IET International Radar Conference. IET,2009:1-5.

[38] Wenke L,Dejun Z,Chaohong Z. The extraction of modulation characteristics of radar signal using wavelet transform[C]. ICSP'98. 1998 Fourth International Conference on Signal Processing(Cat. No. 98TH8344). IEEE,1998:288-291.

[39] 那云虓,司锡才,蒯冲.二相编码信号调制分析与识别[J].系统工程与电子技术,2004,26(3):298-300.

[40] 曲长文,乔治国.雷达信号脉内特征的小波分析[J].上海航天,1996(5):15-19.

[41] 易丽,何怡刚,方葛丰,等.基于 Morlet 小波在雷达信号脉内特征提取中的应用[J].计算机应用研究,2013,30(1):172-175.

[42] 张葛祥,荣海娜,金炜东.基于小波包变换和特征选择的雷达辐射源信号识别[J].电路与系统学报,2006,11(6):45-49.

[43] 余志斌,金炜东,陈春霞.基于小波脊频级联特征的雷达辐射源信号识别[J].西南交通大学学报,2010,45(2):290-295.

[44] Świercz E. Automatic Classification of LFM Signals for Radar Emitter Recognition Using Wavelet Decomposition and LVQ Classifier[J]. Acta Physica Polonica, A. ,2011,119(4): 488-494.

[45] Gulum T O, Pace P E, Cristi R. Extraction of polyphase radar modulation parameters using a Wigner-Ville distribution-Radon transform [C]. 2008 IEEE International Conference on Acoustics, Speech and Signal Processing. IEEE,2008: 1505-1508.

[46] López-Risueño G, Grajal J, Sanz-Osorio A. Digital channelized receiver based on time-frequency analysis for signal interception[J]. IEEE Transactions on Aerospace and Electronic Systems,2005,41(3): 879-898.

[47] Lopez-Risueno G, Grajal J, Yeste-Ojeda O. Atomic decomposition-based radar complex signal interception[J]. IEE Proceedings-Radar, Sonar and Navigation,2003,150(4): 323.

[48] Lopez-Risueno G, Grajal J. Multiple signal detection and estimation using atomic decomposition and EM[J]. IEEE Transactions on Aerospace and Electronic Systems, 2006,42(1): 84-102.

[49] Lundén J, Koivunen V. Automatic radar waveform recognition [J]. IEEE Journal of Selected Topics in Signal Processing,2007,1(1): 124-136.

[50] Pienieżny A. Intrapulse analysis of radar signal by the use of Hough transform[C]. 2008 International Conference on"Modern Problems of Radio Engineering, Telecommunications and Computer Science"(TCSET). IEEE,2008: 306-309.

[51] Roome S J. Classification of radar signals in modulation domain[J]. Electronics Letters, 1992,28(8): 704-705.

[52] Staszewski W J, Worden K, Tomlinson G R. Time-frequency analysis in gearbox fault detection using the Wigner-Ville distribution and pattern recognition [J]. Mechanical systems and signal processing,1997,11(5): 673-692.

[53] 毕大平,董晖,姜秋喜.基于瞬时频率的脉内调制识别技术[J].电子对抗技术,2005,20(2): 6-9.

[54] 邓振淼,刘渝.多相码雷达信号识别与参数估计[J].电子与信息学报,2009(4): 781-785.

[55] 时羽,普运伟,张天飞.基于优势遗传的模糊函数主脊切面智能搜索方法[J].红外与毫米波学报,2013,32(1): 80-85.

[56] 魏东升,徐东晖.雷达信号脉内细微特征的时频分析[J].电子对抗,1993(4): 7-9.

[57] 朱明,普运伟,金炜东,等.基于时频原子方法的雷达辐射源信号特征提取[J].电波科学学报,2007,22(3): 458-462.

[58] 李咏晋.基于模糊函数的雷达脉内特征提取与分类器设计[D].郑州:解放军信息工程大学,2017.

[59] 普运伟,侯文太,郭媛蒲,等.基于模糊函数三维特征的雷达辐射源信号分选方法[J].控制与决策,2019,34(10): 2178-2184.

[60] 普运伟,金炜东,朱明,等.雷达辐射源信号模糊函数主脊切面特征提取方法[J].红外与毫米波学报,2008,27(2): 133-137.

[61] 韩俊,陈晋汶,孙茹.复杂体制雷达辐射源信号识别新方法[J].雷达科学与技术,2016,14(01): 80-84.

[62] Zhang G, Li X. A new recognition system for radar emitter signals[J]. Kybernetes: The International Journal of Systems & Cybernetics, 2012, 41(9): 1351-1360.

[63] 郭双冰. 基于小波和分形理论的调制信号特征提取方法研究[J]. 信号处理, 2005, 21(3): 316-318.

[64] 韩俊, 何明浩, 朱元清, 等. 基于双谱二维特征相像系数的雷达信号分选[J]. 电波科学学报, 2009, 24(5): 848-853.

[65] 韩俊, 何明浩, 朱振波, 等. 基于复杂度特征的未知雷达辐射源信号分选[J]. 电子与信息学报, 2009(11): 2552-2556.

[66] 李一兵, 葛娟, 林云. 基于熵特征和支持向量机的调制识别方法[J]. 系统工程与电子技术, 2012, 34(8): 1691-1695.

[67] 吕铁军, 郭双冰, 肖先赐. 基于复杂度特征的调制信号识别[J]. 通信学报, 2002, 23(1): 111-115.

[68] 王海华, 沈晓峰. 一种新的雷达辐射源信号脉内特征提取方法[J]. 系统工程与电子技术, 2009, 31(4): 809-811.

[69] 张葛祥. 雷达辐射源信号智能识别方法研究[D]. 成都: 西南交通大学, 2005.

[70] 王星, 吕鹏程, 田元荣, 等. 基于BDS-GD的低截获概率雷达信号识别[J]. 北京航空航天大学学报, 2018, 03: 174-183.

[71] Chen P, Guo Y, Li G, et al. Discriminative adversarial networks for specific emitter identification[J]. Electronics Letters, 2020, 56(9): 438-441.

[72] Peibo C, Ling W, Ke X U, et al. Convex Frechet Distance in Specific Emitter Identification[C]. 2020 15th IEEE International Conference on Signal Processing(ICSP). IEEE, 2020, 1: 68-71.

[73] Gok G, Alp Y K, Arikan O. A new method for specific emitter identification with results on real radar measurements[J]. IEEE Transactions on Information Forensics and Security, 2020, 15: 3335-3346.

[74] He B, Wang F. Cooperative specific emitter identification via multiple distorted receivers[J]. IEEE Transactions on Information Forensics and Security, 2020, 15: 3791-3806.

[75] Ji H, Wan T, Xiong W, et al. A method for specific emitter identification based on surrounding-line bispectrum and convolutional neural network[C]. 2020 IEEE 3rd International Conference on Automation, Electronics and Electrical Engineering(AUTEEE). IEEE, 2020: 328-332.

[76] Li R, Hu J, Li S, et al. Specific Emitter Identification based on Multi-Domain Features Learning[C]. 2021 IEEE International Conference on Artificial Intelligence and Industrial Design(AIID). IEEE, 2021: 178-183.

[77] Liu H, Hu P, Liu Z. Communication Specific Emitter Identification Based on Transfer Learning[C]. Journal of Physics: Conference Series. IOP Publishing, 2020, 1626(1): 012027.

[78] Xiao Y. Specific emitter identification of radar based on one dimensional convolution neural network[C]. Journal of Physics Conference Series. 2020, 1550(3): 032114.

[79] 蔡权伟. 多分量信号的信号分量分离技术研究[D]. 成都: 电子科技大学, 2006.

[80] 张玉,李天琪,张进,等.基于集成固有时间尺度分解的 IFF 辐射源个体识别算法[J].电子与信息学报,2020,42(2):430-437.

[81] 陈昌孝,何明浩,王志斌,等.基于双谱分析的雷达辐射源个体特征提取[J].系统工程与电子技术,2008,23(5):1046-1049.

[82] 杨亚芝.基于已知信号样本和信号知识的快速分选识别技术研究[D].西安:西安电子科技大学,2019.

[83] 章艳.基于包络相关法的特定辐射源识别[J].现代雷达,2016,38(10):39-41.

[84] Kawalec A,Owczarek R. Specific emitter identification using intrapulse data[C]. First European Radar Conference,2004. EURAD. IEEE,2004:249-252.

[85] 汪勇,段田东,刘瑞东,等.短时频率稳定度特征分析的 FSK 信号个体识别[J].太赫兹科学与电子信息学报,2013,11(6):880-885.

[86] Alpaydin E. Introduction to machine learning[M]. Cambridge:MIT press,2020.

[87] Anzai Y. Pattern recognition and machine learning [M]. Holand:Academic Press, Elsevier,2012.

[88] Han J,Pei J,Kamber M. Data mining:concepts and techniques[M]. Holand:Academic Press,Elsevier,2011.

[89] Runkler T A. Data mining[M]. Wiesbaden:Vieweg Teubner,2010.

[90] Yang X S. Introduction to algorithms for data mining and machine learning [M]. Cambridge:Academic press,2019.

[91] Wäldchen J,Mäder P. Machine learning for image based species identification[J]. Methods in Ecology and Evolution,2018,9(11):2216-2225.

[92] Pak M,Kim S. A review of deep learning in image recognition[C]. 2017 4th international conference on computer applications and information processing technology(CAIPT). IEEE,2017:1-3.

[93] Agarwalla S,Sarma K K. Machine learning based sample extraction for automatic speech recognition using dialectal Assamese speech[J]. Neural Networks,2016,78:97-111.

[94] Nassif A B,Shahin I,Attili I,et al. Speech recognition using deep neural networks:A systematic review[J]. IEEE Access,2019,7:19143-19165.

[95] Aggarwal C C. Data classification[C]. Data Mining. Springer,Cham,2015:285-344.

[96] Hart P E,Stork D G,Duda R O. Pattern classification[M]. Hoboken:Wiley,2000.

[97] 李春旭.基于机器学习的未知辐射源信号分选与识别算法研究[D].长春:吉林大学,2019.

[98] Cao R,Cao J,Mei J,et al. Radar emitter identification with bispectrum and hierarchical extreme learning machine [J]. Multimedia Tools and Applications,2019,78(20): 28953-28970.

[99] Cheng B,Han J. Sorting of Unknown Radar Emitter Based on WPT-PRI[J]. Piezoelectrics & Acoustooptics,2010,03:375-378.

[100] Dash D,Valarmathi J. Radar Emitter Identification in Multistatic Radar System:A Review[J]. Advances in Automation,Signal Processing,Instrumentation,and Control, 2021:2655-2664.

[101]　Dong P,Wang H,Xiao B,et al. Study for classification and recognition of radar emitter intra-pulse signals based on the energy cumulant of CWD[J]. Journal of Ambient Intelligence and Humanized Computing,2021：1-15.

[102]　Li L,Ji H B,Jiang L. Quadratic time-frequency analysis and sequential recognition for specific emitter identification[J]. IET signal processing,2011,5(6)：568-574.

[103]　Liao Y,Chen X. Multi-attribute overlapping radar working pattern recognition based on K-NN and SVM-BP[J]. The Journal of Supercomputing,2021：1-16.

[104]　邱超凡,李浩. 基于 DAGSVM 的雷达辐射源信号分选与识别[J]. 雷达科学与技术, 2011,9(3)：247-252.

[105]　Gongming W,Shiwen C,Xueruobai H,et al. Radar Emitter Sorting and Recognition Based on Time-frequency Image Union Feature[C]. 2019 IEEE 4th International Conference on Signal and Image Processing(ICSIP). IEEE,2019：165-170.

[106]　Wang S Q,Wang C Y,Sun Q,et al. Radar emitter signal intra-pulse feature extraction based on empirical mode decomposition[J]. Procedia Computer Science,2019,154：504-507.

[107]　Xue J,Tang L,Zhang X,et al. A Novel Method of Radar Emitter Identification Based on the Coherent Feature[J]. Applied Sciences,2020,10(15)：5256.

[108]　Xue J,Tang L,Zhang X,et al. Radar Signal Sorting Method Based on Radar Coherent Characteristic[J]. Electronics,2020,9(7)：1144.

[109]　Yu Z,Wang Y,Chen C. Radar Emitter Signal Sorting Method Based on Density Clustering Algorithm of Signal Aliasing Degree Judgment[C]. 2020 15th IEEE Conference on Industrial Electronics and Applications(ICIEA). IEEE,2020：1027-1031.

[110]　Pisner D A,Schnyer D M. Support vector machine[M]. Machine Learning. Academic Press,2020：101-121.

[111]　Jouny I. On SVM for classification of real and synthetic radar signatures[C]. 2005 IEEE Antennas and Propagation Society International Symposium. IEEE,2005,1：2-5.

[112]　Li L,Ji H,Wang L. Specific radar emitter recognition based on wavelet packet transform and probabilistic SVM[C]. 2009 International Conference on Information and Automation. IEEE,2009：1308-1313.

[113]　Ying F,Xing W. Radar signal recognition based on modified semi-supervised SVM algorithm[C]. 2017 IEEE 2nd Advanced Information Technology, Electronic and Automation Control Conference(IAEAC). IEEE,2017：2336-2340.

[114]　Anthony M,Bartlett P L,Bartlett P L. Neural network learning：Theoretical foundations [M]. Cambridge：cambridge university press,1999.

[115]　Dayhoff J E,DeLeo J M. Artificial neural networks：opening the black box[J]. Cancer：Interdisciplinary International Journal of the American Cancer Society,2001,91(S8)：1615-1635.

[116]　Cao Y,Bai J L,Li H,et al. Deep representation method for radar emitter signal using wavelet packets decomposition[J]. The Journal of Engineering,2019,2019(19)：6282-6286.

[117] Hall D L,Narayanan R M,Jenkins D M,et al. Non-cooperative emitter classification and localization with vector sensing and machine learning in indoor environments[C]. Radar Sensor Technology XXIII. International Society for Optics and Photonics,2019, 11003:1100310.

[118] Li Y,Ge J,Lin Y,et al. Radar emitter signal recognition based on multi-scale wavelet entropy and feature weighting[J]. Journal of Central South University,2014,21(11): 4254-4260.

[119] Li K. Radar Emitter Identification Based on Improved Convolutional Neural Network [C]. 2019 IEEE 3rd Advanced Information Management,Communicates,Electronic and Automation Control Conference(IMCEC). IEEE,2019:118-121.

[120] Liu Z,Shi Y,Zeng Y,et al. Radar emitter signal detection with convolutional neural network[C]. 2019 IEEE 11th International Conference on Advanced Infocomm Technology(ICAIT). IEEE,2019:48-51.

[121] Makino K,Shiina T,Ota M. A precipitation classification system using vertical Doppler radar based on neural networks[J]. Radio Science,2019,54(1):20-33.

[122] 李楠.基于双谱的雷达辐射源识别[J].北京联合大学学报:自然科学版,2012,26(2): 26-33.

[123] Notaro P,Paschali M,Hopke C,et al. Radar Emitter Classification with Attribute-specific Recurrent Neural Networks[J]. arXiv preprint arXiv:1911.07683,2019.

[124] Sun W,Wang L,Sun S,et al. Radar Emitter Individual Identification Based on Convolutional Neural Network Learning[J]. Mathematical Problems in Engineering, 2021,2021:1-8.

[125] Wang X,Huang G,Zhou Z,et al. Radar emitter recognition based on the short time Fourier transform and convolutional neural networks[C]. 2017 10th International Congress on Image and Signal Processing,BioMedical Engineering and Informatics(CISP-BMEI). IEEE,2017:1-5.

[126] Wei L I,Wei-gang Z,Hong-feng P,et al. Radar Emitter Identification Based on Fully Connected Spiking Neural Network[C]. Journal of Physics:Conference Series. IOP Publishing,2021,1914(1):012036.

[127] 叶文强,俞志富,张奎,等.基于 DBN 的辐射源信号识别算法[J].弹箭与制导学报, 2019,39(6):107-111.

[128] Wu B,Yuan S,Li P,et al. Radar Emitter Signal Recognition Based on One-Dimensional Convolutional Neural Network with Attention Mechanism[J]. Sensors,2020,20 (21):6350.

[129] Xiao Z,Yan Z. Radar Emitter Identification Based on Feedforward Neural Networks[C]. 2020 IEEE 4th Information Technology,Networking,Electronic and Automation Control Conference(ITNEC). IEEE,2020,1:555-558.

[130] 叶文强,俞志富,张奎.基于 DAE＋ CNN 辐射源信号识别算法[J].计算机应用研究, 2019,36(12):1-6.

[131] Yuan S,Wu B,Li P. Intra-Pulse Modulation Classification of Radar Emitter Signals Based

on a 1-D Selective Kernel Convolutional Neural Network[J]. Remote Sensing,2021,13 (14)：2799.

[132] Zhao S,Wang W,Zeng D,et al. A Novel Aggregated Multi-Path Extreme Gradient Boosting Approach for Radar Emitter Classification[J]. IEEE Transactions on Industrial Electronics,2021,69(1)：703-712.

[133] 梁百川.神经元网络用于辐射源分选、识别[J].航天电子对抗,1994(2)：34-40.

[134] 万建伟,宋小全,皇甫堪,等.神经网络在雷达信号分选中的应用[J].系统工程与电子技术,1996,18(7)：29-35.

[135] 郭杰,陈军文.一种处理未知雷达信号的聚类分选方法[J].系统工程与电子技术,2006,28(6)：853-856.

[136] 林志远,刘刚,戴国宪.Kohonen 神经网络在雷达多目标分选中的应用[J].空军工程大学学报(自然科学版),2003,4(5)：57-59.

[137] Zhao C,Zhao Y. Application of improved Kohonen SOFM neural network to radar signal sorting[C]. International Conference on Neural Information Processing. Springer,Berlin,Heidelberg,2006：553-559.

[138] 范晔,宫新保,臧小刚,等.基于新型 RBF 网络的雷达信号分选识别方法[J].信息与控制,2004,33(6)：674-677.

[139] 刘扬,刘璐,杨波.基于多二维 RBF 神经网络的航空雷达信号分选[J].计算机工程与设计,2009(1)：182-184.

[140] 郑子扬,陈永游,张君,等.基于 SOFM 网络聚类雷达信号分选预处理改进算法[J].航天电子对抗,2013,29(3)：42-45.

[141] Goodfellow I,Bengio Y,Courville A. Deep learning[M]. Cambridge：MIT press,2016.

[142] LeCun Y,Bengio Y,Hinton G. Deep learning[J]. Nature,2015,521(7553)：436-444.

[143] Wu L,Yang L,Yuan Y. A Recognition Method for Radar Emitter Signals Based on Deep Belief Network and Ambiguity Function Matrix Singular Value Vectors[C]. 2021 IEEE 5th Advanced Information Technology,Electronic and Automation Control Conference (IAEAC). IEEE,2021,5：381-386.

[144] Mandic D,Chambers J. Recurrent neural networks for prediction：learning algorithms,architectures and stability[M]. New York：Wiley,2001.

[145] Hochreiter S,Schmidhuber J. Long short-term memory[J]. Neural computation,1997,9 (8)：1735-1780.

[146] Liu Z M,Philip S Y. Classification,denoising,and deinterleaving of pulse streams with recurrent neural networks[J]. IEEE Transactions on Aerospace and Electronic Systems,2018,55(4)：1624-1639.

[147] Notaro P,Paschali M,Hopke C,et al. Radar Emitter Classification with Attribute-specific Recurrent Neural Networks[J]. arXiv preprint arXiv：1911.07683,2019.

[148] Li X,Huang Z,Wang F,et al. Toward convolutional neural networks on pulse repetition interval modulation recognition[J]. IEEE Communications Letters,2018,22 (11)：2286-2289.

[149] Li X,Liu Z,Huang Z. Attention-based radar PRI modulation recognition with recurrent

neural networks[J]. IEEE Access,2020,8：57426-57436.

[150] Li X,Liu Z,Huang Z,et al. Radar emitter classification with attention-based multi-RNNs [J]. IEEE Communications Letters,2020,24(9)：2000-2004.

[151] Li X,Liu Z,Huang Z. Deinterleaving of pulse streams with denoising autoencoders[J]. IEEE Transactions on Aerospace and Electronic Systems,2020,56(6)：4767-4778.

[152] Li X,Liu Z M,Huang Z. Denoising of radar pulse streams with autoencoders[J]. IEEE Communications Letters,2020,24(4)：797-801.

[153] Jain A K,Murty M N,Flynn P J. Data clustering: a review[J]. ACM computing surveys (CSUR),1999,31(3)：264-323.

[154] Xu R,Wunsch D. Clustering[M]. New York：John Wiley & Sons,2008.

[155] Gasperini S,Paschali M,Hopke C,et al. Signal clustering with class-independent segmentation[C]. ICASSP 2020-2020 IEEE International Conference on Acoustics, Speech and Signal Processing(ICASSP). IEEE,2020：3982-3986.

[156] Guo Q,Chen W,Zhang X,et al. Signal sorting based on SVC & K-means clustering in ESM systems[C]. International Conference on Neural Information Processing. Springer, Berlin,Heidelberg,2006：596-603.

[157] Guo Q,Wang C H,Li Z. Support vector clustering and type-entropy based radar signal sorting method[J]. Journal of Xi'an Jiaotong University,2010,44(8)：132-136.

[158] Guo Q,Zhang X,Li Z. SVC & k-means and type-entropy based de-interleaving/ recognition system of radar pulses[C]. 2006 IEEE International Conference on Information Acquisition. IEEE,2006：742-747.

[159] Jian W,Song W M. A New Radar Signal Sorting Method Based on Data Field[C]. Applied Mechanics and Materials. Trans Tech Publications Ltd,2014,610：401-406.

[160] Wang X,Zhang X,Tian R,et al. A new method of unknown radar signals sorting[C]. Proceedings of 2013 Chinese Intelligent Automation Conference. Springer, Berlin, Heidelberg,2013：727-733.

[161] 陈维高,张国毅.基于改进网格聚类的动态雷达信号分选算法[J].雷达与对抗,2013,32(4)：30-34.

[162] 国强,宋文明,南普龙,等.基于数据场与云模型的多模雷达信号分选算法[J].哈尔滨工业大学学报,2015,47(11)：76-81.

[163] 金栋,文志信,李航.DBSCAN算法在雷达全脉冲信号分选中的应用[J].电子对抗,2011(2)：19-22.

[164] 刘丽明,陈正宁,姚啸.基于DBSCAN算法的PDW数据二次分选方法研究[J].舰船电子对抗,2019,42(2)：80-83.

[165] 邱磊,杨承志,何佃伟,等.一种基于改进网格聚类的雷达信号预分选算法[J].电子信息对抗技术,2012,27(5)：14-17.

[166] 孙鑫,侯慧群,杨承志.基于改进K-均值算法的未知雷达信号分选[J].现代电子技术,2010,33(17)：91-93.

[167] 王军,张冰.基于动态网格密度聚类的雷达信号分选算法[J].现代电子技术,2013,36(21)：1-4.

[168] 王晓峰,张国毅,王然. 一种新的未知雷达信号快速分选方法[J]. 电子信息对抗技术,2011,26(5):19-22.

[169] 向娴,汤建龙. 一种基于网格密度聚类的雷达信号分选[J]. 火控雷达技术,2010(4):67-72.

[170] 张冉,夏厚培. 一种新的 k-means 聚类雷达信号分选算法[J]. 现代防御技术,2015,43(6):136-141.

[171] 张什永,张海黎,胡泽宾,等. 基于聚类分析的雷达信号分选研究[J]. 航天电子对抗,2013,29(1):49-52.

[172] 赵贵喜,骆鲁秦,陈彬. 基于蚁群算法的 K-Means 聚类雷达信号分选算法[J]. 雷达科学与技术,2009,7(2):142-146.

[173] 何佩佩,唐霜天,匡华星. 一种基于层次划分聚类的雷达信号分选算法[J]. 现代防御技术,2016,44(004):51-55.

[174] Wang S,Gao C,Zhang Q,et al. The latest research on clustering algorithms used for radar signal sorting[M]. Recent trends in intelligent computing,communication and devices. Singapore:Springer,2020:799-805.

[175] Henzinger M R,Raghavan P,Rajagopalan S. Computing on data streams[J]. External memory algorithms,1998,50:107-118.

[176] 高兵. 基于密度的数据流聚类方法研究[D]. 哈尔滨:哈尔滨工程大学,2014.

[177] Guha S,Meyerson A,Mishra N,et al. Clustering data streams:Theory and practice[J]. IEEE transactions on knowledge and data engineering,2003,15(3):515-528.

[178] Silva J A,Faria E R,Barros R C,et al. Data stream clustering:A survey[J]. ACM Computing Surveys(CSUR),2013,46(1):1-31.

[179] Krawczyk B,Minku L L,Gama J,et al. Ensemble learning for data stream analysis:A survey[J]. Information Fusion,2017,37:132-156.

[180] Lu C T,Liang L R. Wavelet fuzzy classification for detecting and tracking region outliers in meteorological data[C]. Proceedings of the 12th annual ACM international workshop on Geographic information systems. 2004:258-265.

[181] Lakshmanan G T,Li Y,Strom R. Placement strategies for internet-scale data stream systems[J]. IEEE Internet Computing,2008,12(6):50-60.

[182] Gyurkó L G,Lyons T,Kontkowski M,et al. Extracting information from the signature of a financial data stream[J]. arXiv preprint arXiv:1307.7244,2013.

[183] Gomes H M,Barddal J P,Enembreck F,et al. A survey on ensemble learning for data stream classification[J]. ACM Computing Surveys(CSUR),2017,50(2):1-36.

[184] Nguyen H L,Woon Y K,Ng W K. A survey on data stream clustering and classification[J]. Knowledge and information systems,2015,45(3):535-569.

[185] Pokrajac D,Lazarevic A,Latecki L J. Incremental local outlier detection for data streams[C]. 2007 IEEE symposium on computational intelligence and data mining. IEEE,2007:504-515.

[186] Guha S,Mishra N. Clustering data streams[M]. Data stream management. Berlin:Springer,2016:169-187.

[187] Babcock B,Datar M,Motwani R,et al. Maintaining variance and k-medians over data stream windows［C］. Proceedings of the twenty-second ACM SIGMOD-SIGACT-SIGART symposium on Principles of database systems. 2003：234-243.

[188] O'callaghan L,Mishra N,Meyerson A,et al. Streaming-data algorithms for high-quality clustering［C］. Proceedings 18th International Conference on Data Engineering. IEEE，2002：685-694.

[189] Jin R,Goswami A,Agrawal G. Fast and exact out-of-core and distributed k-means clustering［J］. Knowledge and Information Systems,2006,10(1)：17-40.

[190] Frey B J,Dueck D. Clustering by passing messages between data points［J］. Science,2007,315(5814)：972-976.

[191] Li Y,Tan B H. Data stream clustering algorithm based on affinity propagation and density［C］. Advanced Materials Research. Trans Tech Publications Ltd,2011,267：444-449.

[192] Zhang J P,Chen F C,Liu L X,et al. Online stream clustering using density and affinity propagation algorithm［C］. 2013 IEEE 4th International Conference on Software Engineering and Service Science. IEEE,2013：828-832.

[193] Zhang X,Furtlehner C,Germain-Renaud C,et al. Data stream clustering with affinity propagation［J］. IEEE Transactions on Knowledge and Data Engineering,2013,26(7)：1644-1656.

[194] Aggarwal C C,Han J,Wang J,et al. A framework for projected clustering of high dimensional data streams［C］. Proceedings of the Thirtieth international conference on Very large data bases-Volume 30. 2004：852-863.

[195] Khan K,Rehman S U,Aziz K,et al. DBSCAN：Past,present and future［C］. The fifth international conference on the applications of digital information and web technologies (ICADIWT 2014). IEEE,2014：232-238.

[196] Ruiz C,Menasalvas E,Spiliopoulou M. C-DenStream：Using domain knowledge on a data stream［C］. International Conference on Discovery Science. Springer,Berlin,Heidelberg,2009：287-301.

[197] Li M,Croitoru A,Yue S. GeoDenStream：An improved DenStream clustering method for managing entity data within geographical data streams［J］. Computers & Geosciences,2020,144：104563.

[198] Chen Y,Tu L. Density-based clustering for real-time stream data［C］. Proceedings of the 13th ACM SIGKDD international conference on Knowledge discovery and data mining. 2007：133-142.

[199] Bhatnagar V,Kaur S. Exclusive and complete clustering of streams［C］. International Conference on Database and Expert Systems Applications. Springer,Berlin,Heidelberg,2007：629-638.

[200] 周晓云,孙志挥,张柏礼,等. 高维数据流聚类及其演化分析研究［J］.计算机研究与发展,2006,43(11)：2005-2011.

[201] Bondy J A,Murty U S R. Graph theory with applications［M］. London：Macmillan,1976.

[202]　Ceri S，Fraternali P，Bongio A，et al. Morgan Kaufmann series in data management systems：Designing data-intensive Web applications[M]. Morgan Kaufmann，2003.

[203]　Elhamifar E，Vidal R. Sparse subspace clustering：Algorithm，theory，and applications [J]. IEEE transactions on pattern analysis and machine intelligence，2013，35（11）：2765-2781.

[204]　Liu G，Lin Z，Yan S，et al. Robust recovery of subspace structures by low-rank representation[J]. IEEE transactions on pattern analysis and machine intelligence，2012，35（1）：171-184.

[205]　Peng X，Tang H，Zhang L，et al. A unified framework for representation-based subspace clustering of out-of-sample and large-scale data[J]. IEEE transactions on neural networks and learning systems，2015，27（12）：2499-2512.

[206]　Sui J，Liu Z，Liu L，et al. Dynamic Sparse Subspace Clustering for Evolving High-Dimensional Data Streams[J]. IEEE Transactions on Cybernetics，2020.

[207]　Sui J，Liu Z，Liu L，et al. Sparse subspace clustering for evolving data streams[C]. ICASSP 2019-2019 IEEE International Conference on Acoustics，Speech and Signal Processing（ICASSP）. IEEE，2019：7455-7459.

[208]　Sui J，Liu Z，Liu L，et al. Online Non-Cooperative Radar Emitter Classification From Evolving and Imbalanced Pulse Streams[J]. IEEE Sensors Journal，2020，20（14）：7721-7730.

[209]　Satija U，Trivedi N，Biswal G，et al. Specific emitter identification based on variational mode decomposition and spectral features in single hop and relaying scenarios[J]. IEEE Transactions on Information Forensics and Security，2018，14（3）：581-591.

[210]　Talbot K I，Duley P R，Hyatt M H. Specific emitter identification and verification[J]. Technology Review，2003，113.

[211]　Han J，Pei J，Kamber M. Data mining：concepts and techniques[M]. Holand：Academic Press，Elsevier，2011.

[212]　章永来，周耀鉴. 聚类算法综述[J]. 计算机应用，2019，39（7）：1869-1882.

[213]　Aggarwal C C，Wolf J L，Yu P S，et al. Fast algorithms for projected clustering[J]. ACM SIGMoD Record，1999，28（2）：61-72.

[214]　Agrawal R，Gehrke J，Gunopulos D，et al. Automatic subspace clustering of high dimensional data for data mining applications[C]. Proceedings of the 1998 ACM SIGMOD international conference on Management of data. 1998：94-105.

[215]　Kailing K，Kriegel H P，Kröger P. Density-connected subspace clustering for high-dimensional data[C]. Proceedings of the 2004 SIAM international conference on data mining. Society for Industrial and Applied Mathematics，2004：246-256.

[216]　Böhm C，Kailing K，Kröger P，et al. Computing clusters of correlation connected objects [C]. Proceedings of the 2004 ACM SIGMOD international conference on Management of data. 2004：455-466.

[217]　Achtert E，Böhm C，David J，et al. Robust clustering in arbitrarily oriented subspaces[C]. Proceedings of the 2008 SIAM International Conference on Data Mining. Society for

Industrial and Applied Mathematics,2008: 763-774.

[218] Shao J,Wang X,Yang Q,et al. Synchronization-based scalable subspace clustering of high-dimensional data[J]. Knowledge and information systems,2017,52(1): 83-111.

[219] Li C G,You C,Vidal R. Structured sparse subspace clustering: A joint affinity learning and subspace clustering framework[J]. IEEE Transactions on Image Processing,2017,26 (6): 2988-3001.

[220] You C,Li C,Robinson D P,et al. Scalable exemplar-based subspace clustering on class-imbalanced data[C]. Proceedings of the European Conference on Computer Vision (ECCV). 2018: 67-83.

[221] Lu C Y,Min H,Zhao Z Q,et al. Robust and efficient subspace segmentation via least squares regression [C]. European conference on computer vision. Springer, Berlin, Heidelberg,2012: 347-360.

[222] Zhu X,Zhang S,Li Y,et al. Low-rank sparse subspace for spectral clustering[J]. IEEE Transactions on Knowledge and Data Engineering,2018,31(8): 1532-1543.

[223] Wang Q,Qin Z,Nie F,et al. Spectral embedded adaptive neighbors clustering[J]. IEEE transactions on neural networks and learning systems,2018,30(4): 1265-1271.

[224] Yang Y,Shen F,Huang Z,et al. Discrete nonnegative spectral clustering[J]. IEEE Transactions on Knowledge and Data Engineering,2017,29(9): 1834-1845.

[225] Zhu X,Zhang S,He W,et al. One-step multi-view spectral clustering[J]. IEEE Transactions on Knowledge and Data Engineering,2018,31(10): 2022-2034.

[226] Li B,Liu R,Cao J,et al. Online low-rank representation learning for joint multi-subspace recovery and clustering [J]. IEEE Transactions on Image Processing, 2017, 27(1): 335-348.

[227] Lin Z,Chen M,Ma Y. The augmented lagrange multiplier method for exact recovery of corrupted low-rank matrices[J]. arXiv preprint arXiv: 1009. 5055,2010.

[228] Sumarsono A,Du Q. Low-rank subspace representation for estimating the number of signal subspaces in hyperspectral imagery[J]. IEEE Transactions on Geoscience and Remote Sensing,2015,53(11): 6286-6292.

[229] Zhang X. Contributions to Large Scale Data Clustering and Streaming with Affinity Propagation. Application to Autonomic Grids[D]. PARIS: University PARIS-SUD, 2010.

[230] Zhao M,Zhang Z,Chow T W S. Trace ratio criterion based generalized discriminative learning for semi-supervised dimensionality reduction[J]. Pattern Recognition,2012,45 (4): 1482-1499.

[231] Niu X X,Suen C Y. A novel hybrid CNN-SVM classifier for recognizing handwritten digits[J]. Pattern Recognition,2012,45(4): 1318-1325.

[232] Van der Maaten L. Learning a parametric embedding by preserving local structure[C]. Artificial Intelligence and Statistics. PMLR,2009: 384-391.

[233] Van der Maaten L. Accelerating t-SNE using tree-based algorithms[J]. The Journal of Machine Learning Research,2014,15(1): 3221-3245.

［234］ Van der Maaten L，Hinton G. Visualizing Data using t-SNE［J］. Journal of Machine Learning Research，2008，9(11)：2579-2605.

［235］ Van der Maaten L，Hinton G. Visualizing non-metric similarities in multiple maps［J］. Machine learning，2012，87(1)：33-55.

［236］ Aggarwal C C，Philip S Y，Han J，et al. A framework for clustering evolving data streams［C］. Proceedings 2003 VLDB conference. Morgan Kaufmann，2003：81-92.

［237］ Cao F，Estert M，Qian W，et al. Density-based clustering over an evolving data stream with noise［C］. Proceedings of the 2006 SIAM international conference on data mining. Society for industrial and applied mathematics，2006：328-339.

［238］ Gong S，Zhang Y，Yu G. Clustering stream data by exploring the evolution of density mountain［J］. Proceedings of the VLDB Endowment，2017，11(4)：393-405.

［239］ Hyde R，Angelov P，MacKenzie A R. Fully online clustering of evolving data streams into arbitrarily shaped clusters［J］. Information Sciences，2017，382：96-114.

［240］ Li Z，Cheong L F，Yang S，et al. Simultaneous clustering and model selection：Algorithm，theory and applications［J］. IEEE transactions on pattern analysis and machine intelligence，2017，40(8)：1964-1978.

［241］ Liang J，Yang J，Cheng M M，et al. Simultaneous subspace clustering and cluster number estimating based on triplet relationship［J］. IEEE Transactions on Image Processing，2019，28(8)：3973-3985.

［242］ Yang J，Liang J，Wang K，et al. Automatic model selection in subspace clustering via triplet relationships［C］. Thirty-Second AAAI Conference on Artificial Intelligence. 2018：4358-4365.

［243］ Golumbic M C，Irith B-A Hartman. Graph theory，combinatorics and algorithms：Interdisciplinary applications［M］. Berlin：Springer Science & Business Media，2006.

［244］ Lee K C，Ho J，Kriegman D J. Acquiring linear subspaces for face recognition under variable lighting［J］. IEEE Transactions on pattern analysis and machine intelligence，2005，27(5)：684-698.

［245］ Georghiades A S，Belhumeur P N，Kriegman D J. From few to many：Illumination cone models for face recognition under variable lighting and pose［J］. IEEE transactions on pattern analysis and machine intelligence，2001，23(6)：643-660.

［246］ Elhamifar E，Sapiro G，Sastry S S. Dissimilarity-based sparse subset selection［J］. IEEE transactions on pattern analysis and machine intelligence，2015，38(11)：2182-2197.

［247］ Ren S，Liao B，Zhu W，et al. The gradual resampling ensemble for mining imbalanced data streams with concept drift［J］. Neurocomputing，2018，286：150-166.

［248］ Sui J，Liu Z，Jung A，et al. Dynamic clustering scheme for evolving data streams based on improved STRAP［J］. IEEE Access，2018，6：46157-46166.

［249］ Wright J，Yang A Y，Ganesh A，et al. Robust face recognition via sparse representation［J］. IEEE transactions on pattern analysis and machine intelligence，2008，31(2)：210-227.

［250］ Fernández A，del Jesus M J，Herrera F. Addressing overlapping in classification with imbalanced datasets: A first multi-objective approach for feature and instance selection [C]. International Conference on Intelligent Data Engineering and Automated Learning. Springer,Cham,2015: 36-44.

[251] Krawczyk B,Galar M,Jeleń Ł,et al. Evolutionary undersampling boosting for imbalanced classification of breast cancer malignancy[J]. Applied Soft Computing,2016,38: 714-726.

[252] Tian J,Gu H,Liu W. Imbalanced classification using support vector machine ensemble [J]. Neural computing and applications,2011,20(2): 203-209.

[253] Lin E,Chen Q,Qi X. Deep reinforcement learning for imbalanced classification[J]. Applied Intelligence,2020,50(8): 2488-2502.

[254] Zhang C,Tan K C,Li H,et al. A cost-sensitive deep belief network for imbalanced classification[J]. IEEE transactions on neural networks and learning systems,2018,30 (1): 109-122.

[255] Zou Q,Xie S,Lin Z,et al. Finding the best classification threshold in imbalanced classification[J]. Big Data Research,2016,5: 2-8.

[256] Deng X,Xu Y,Chen L,et al. Dynamic clustering method for imbalanced learning based on AdaBoost[J]. The Journal of Supercomputing,2020,76(12): 9716-9738.

[257] Kwak J,Lee T,Kim C O. An incremental clustering-based fault detection algorithm for class-imbalanced process data[J]. IEEE Transactions on Semiconductor Manufacturing, 2015,28(3): 318-328.

[258] Li Q,Song Y,Zhang J,et al. Multiclass imbalanced learning with one-versus-one decomposition and spectral clustering[J]. Expert Systems with Applications,2020,147: 113152.

[259] Tsai C F,Lin W C,Hu Y H,et al. Under-sampling class imbalanced datasets by combining clustering analysis and instance selection[J]. Information Sciences,2019,477: 47-54.

[260] Lin W C,Tsai C F,Hu Y H,et al. Clustering-based undersampling in class-imbalanced data[J]. Information Sciences,2017,409: 17-26.

[261] Xuan L,Zhigang C,Fan Y. Exploring of clustering algorithm on class-imbalanced data [C]. 2013 8th International Conference on Computer Science & Education. IEEE,2013: 89-93.

[262] He H,Garcia E A. Learning from imbalanced data[J]. IEEE Transactions on knowledge and data engineering,2009,21(9): 1263-1284.

[263] Weiss G M. Foundations of imbalanced learning[J]. Imbalanced Learning: Foundations, Algorithms,and Applications,2013: 13-41.

[264] Japkowicz N. Assessment metrics for imbalanced learning[J]. Imbalanced learning: Foundations, algorithms,and applications,2013: 187-206.

[265] He H,Ma Y. Imbalanced learning. Foundations,algorithms,and applications[M]. New York: Wiley-IEEE Press,2013.

[266] Haixiang G,Yijing L,Shang J,et al. Learning from class-imbalanced data: Review of

methods and applications[J]. Expert Systems with Applications,2017,73：220-239.

[267] Krawczyk B. Learning from imbalanced data：open challenges and future directions[J]. Progress in Artificial Intelligence,2016,5(4)：221-232.

[268] Li A,Luo T,Xiang T, et al. Few-shot learning with global class representations[C]. Proceedings of the IEEE/CVF International Conference on Computer Vision. 2019：9715-9724.

[269] Simon C, Koniusz P, Nock R, et al. Adaptive subspaces for few-shot learning[C]. Proceedings of the IEEE/CVF Conference on Computer Vision and Pattern Recognition. 2020：4136-4145.

[270] Sun Q, Liu Y, Chua T S, et al. Meta-transfer learning for few-shot learning[C]. Proceedings of the IEEE/CVF Conference on Computer Vision and Pattern Recognition. 2019：403-412.

[271] Wang Y,Yao Q,Kwok J T, et al. Generalizing from a few examples：A survey on few-shot learning[J]. ACM Computing Surveys(CSUR),2020,53(3)：1-34.

[272] Wertheimer D,Hariharan B. Few-shot learning with localization in realistic settings[C]. Proceedings of the IEEE/CVF Conference on Computer Vision and Pattern Recognition. 2019：6558-6567.

[273] Liu H,Sun F,Fang B,et al. Cross-modal zero-shot-learning for tactile object recognition [J]. IEEE Transactions on Systems,Man,and Cybernetics：Systems,2018,50(7)：2466-2474.

[274] Xian Y,Lampert C H,Schiele B,et al. Zero-shot learning—a comprehensive evaluation of the good,the bad and the ugly[J]. IEEE transactions on pattern analysis and machine intelligence,2018,41(9)：2251-2265.

[275] Xu X,Lu H,Song J,et al. Ternary adversarial networks with self-supervision for zero-shot cross-modal retrieval[J]. IEEE transactions on cybernetics,2019,50(6)：2400-2413.

[276] Gao Y,Chandra S,Li Y,et al. Saccos：A semi-supervised framework for emerging class detection and concept drift adaption over data streams[J]. IEEE Transactions on Knowledge and Data Engineering,2020.

[277] Liu A, Lu J, Zhang G. Diverse instance-weighting ensemble based on region drift disagreement for concept drift adaptation[J]. IEEE transactions on neural networks and learning systems,2020,32(1)：293-307.

[278] Lu Y,Cheung Y M, Tang Y Y. Adaptive chunk-based dynamic weighted majority for imbalanced data streams with concept drift[J]. IEEE transactions on neural networks and learning systems,2019,31(8)：2764-2778.

[279] Wu X,Li P,Hu X. Learning from concept drifting data streams with unlabeled data[J]. Neurocomputing,2012,92：145-155.

[280] Hinkley D V. Inference about the change-point from cumulative sum tests[J]. Biometrika, 1971,58(3)：509-523.

[281] Page E S. Continuous inspection schemes[J]. Biometrika,1954,41(1/2)：100-115.

[282] Shao J, Huang F, Yang Q, et al. Robust prototype-based learning on data streams[J]. IEEE Transactions on Knowledge and Data Engineering, 2017, 30(5): 978-991.

[283] Shen J, Li P, Xu H. Online low-rank subspace clustering by basis dictionary pursuit[C]. International Conference on Machine Learning. PMLR, 2016: 622-631.

[284] Martinez A, Benavente R. The AR Face Database: CVC Technical Report, 24[J]. 1998: 1-8.

[285] Gross R, Matthews I, Cohn J, et al. Multi-pie[J]. Image and vision computing, 2010, 28(5): 807-813.

[286] Hull J J. A database for handwritten text recognition research[J]. IEEE Transactions on pattern analysis and machine intelligence, 1994, 16(5): 550-554.

[287] Alimoglu F, Alpaydin E. Methods of combining multiple classifiers based on different representations for pen-based handwritten digit recognition[C]. Proceedings of the Fifth Turkish Artificial Intelligence and Artificial Neural Networks Symposium TAINN 96. 1996: 1-8.

[288] LeCun Y, Bottou L, Bengio Y, et al. Gradient-based learning applied to document recognition[J]. Proceedings of the IEEE, 1998, 86(11): 2278-2324.

[289] Cohen G, Afshar S, Tapson J, et al. EMNIST: Extending MNIST to handwritten letters[C]. 2017 International Joint Conference on Neural Networks (IJCNN). IEEE, 2017: 2921-2926.

[290] Krawczyk B. Learning from imbalanced data: open challenges and future directions[J]. Progress in Artificial Intelligence, 2016, 5(4): 221-232.

[291] You C, Robinson D P, Vidal R. Provable self-representation based outlier detection in a union of subspaces[C]. Proceedings of the ieee conference on computer vision and pattern recognition. 2017: 3395-3404.

[292] Nascimento M C V, De Carvalho A C. Spectral methods for graph clustering-a survey[J]. European Journal of Operational Research, 2011, 211(2): 221-231.

[293] Xu D, Tian Y. A comprehensive survey of clustering algorithms[J]. Annals of Data Science, 2015, 2(2): 165-193.